U0924450

我也曾把光阴浪费，
甚至莽撞到视死如归

我以为我完了直到我遇见你

董完了 著

清华大学出版社
北京

图书在版编目（CIP）数据

我以为我董完了，直到我遇见你 / 董完了著. — 北京：清华大学出版社，2017（2017.9 重印）

（繁星丛书）

ISBN 978-7-302-47771-6

Ⅰ. ①我… Ⅱ. ①董… Ⅲ. ①人生哲学—通俗读物 Ⅳ. ①B821-49

中国版本图书馆 CIP 数据核字(2017)第 167572 号

责任编辑：刘士平
封面设计：张结松
责任校对：李　梅
责任印制：杨　艳

出版发行：清华大学出版社
网　　址：http://www.tup.com.cn，http://www.wqbook.com
地　　址：北京清华大学学研大厦 A 座　　**邮　　编**：100084
社 总 机：010-62770175　　**邮　　购**：010-62786544
投稿与读者服务：010-62776969，c-service@tup.tsinghua.edu.cn
质量反馈：010-62772015，zhiliang@tup.tsinghua.edu.cn
印 装 者：三河市春园印刷有限公司
经　　销：全国新华书店
开　　本：130mm×180mm　**印　张**：10.5　**字　数**：170 千字
版　　次：2017 年 8 月第 1 版　　**印　次**：2017 年 9 月第 10 次印刷
定　　价：49.00 元

产品编号：075492-02

序言

我也曾想一了百了

很多经典的童话故事开篇，都要从很久很久以前开始说起。

现在我想给你讲个故事。

很久很久以前……

时间倒退到 2014 年那个夏天。

有一个人，发了一条微博，内容如下。

“年少时的爱情，就是欢天喜地地以为会和眼前人过上一辈子，预想所有以后的种种，一口咬定它们都会实现。直到很多年后，当我们经历了成长的阵痛，爱情的变故，看过各种各样的人生，才会幡然悔悟，那么多年的时光，只是上天赐予你的一场美梦，为了支撑你此后坚强走完这冗长的一生。”

发完后，她呆呆地看着手机屏幕，良久，才轻轻地松了一口气，一直压在心口的那块大石头，好像轻了一些，让她可以稍微喘息片刻。

答应我，千万不要嘲笑这条微博的文字内容，谁没有年少轻狂爱说愁滋味的时候，况且人家写的还是真的愁。

是啊，真的愁。

不知道现在正在翻阅这本书的你们，是否已经如愿嫁给了爱情？还是正在甜蜜恋爱烦恼中？还是陷入失恋的痛苦中不可自拔？或懵懵懂懂对爱情充满了幻想的年纪？抑或在一个世俗所定义的“适婚年纪”，焦虑又烦躁地等待一个差不多的相亲对象？

都挺好的，至少你们都在一条走向幸福的路上。

总比那个人好吧，那个时候的她，已经万念俱灰了，感觉没有一条路可以通往幸福。

在漫长的十几年青春岁月中，先后遇到三个人，从相遇相爱到订婚，然后都突然没有了然后。每一次都轰轰烈烈一头栽进去，每一次到最后都落得一身狼狈。三个不同的男人，从年少懵懂、青春正艾到二字头这班列车的车尾，一切付出皆成空，兜兜转转那么多年，她还是一个人。

当初热闹又盛大，闹得仿佛天下皆知的甜蜜求婚，最后却像个笑话一样尴尬收场。

留她一个人，面对亲朋好友的追问，面对网上对她手腕上的伤口铺天盖地的猜测。

崩溃，从里到外的崩溃。

一个从小就倔强到大，什么都能自己扛的人，感觉自己真的扛不住了。

写的那条微博，不过是内心无法压抑的绝望和痛苦，需要一个可以发泄出来的出口，把那些话说出来，告诉自己分别是常事，人生一场梦，仿佛就能得到一丝丝安慰，安慰一个到崩溃边缘的灵魂，表达一个人对爱情带来的打击所能承受的极限。

虽然还是活在这个纷纷扰扰的世界，但如果是一个人，注定会越走越孤独，除了家人和挚友外，她还需要一个人，可以让她走在余生的路上，充满向往，心是安定的、充实的。每一任未婚夫给她带来了希望，然后又离开，留下孤零零的一个人，让她觉得自己的余生仿佛就这样了。

一次接着一次的感情失败，好像一盆冰水会把心中对爱情的憧憬完全浇灭。每一次在快要踏上红毯的那一刻，她就会一脚踩空，从云端跌落，让触手可及的未来，像五彩缤纷的肥皂泡，突然被老天爷扎破。

萧伯纳似乎曾经说过："此时此刻在地球上，约有两万人适合当你的人生伴侣"，很多人借此鼓励自己一定可以找到那个对的人。可是萧伯纳是谁？百度上写着他是一个擅长幽默与讽刺的语言大师。

毕竟这适合当伴侣的两万人，与你相遇的可能性是千万分之一，相知的可能性是两亿分之一，相爱而又能成为终身伴侣的可能性，五十亿分之一。

基于这个让人绝望的数据，所以萧伯纳一定是在说此时此刻在地球上，没有人适合当你的人生伴侣，他们都会在陪伴你走完一段路之后，离开你。

她觉得自己已经参透了爱情的一切，婚姻的本质，人生的虚无。

她觉得自己什么都遇见过了，什么都知道了，没有悲惨的爱情故事会比她的经历更加百转千回。

然后她给自己取了一个名字，董完了。

意思是看尽了阴晴圆缺，看遍了风花雪月，懂完了这世间男女，人间情爱。

她已经看到了自己的未来，而且也决定了要如此生活。

永无尽头，毫无希望，带着懂完了的觉悟和态度，独自精彩却又百般寂寞地生活。

哦，不小心说这么多，开篇想要给大家说的故事这才刚刚开始。

对了，董完了，就是我。

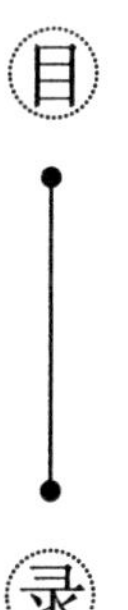

Part 1

我以为我董完了

Part 2
直到我遇见你

Part 3

我们生活中的那些重要部分

Part 4

Part 5

Part 1

我以为我董完了

001
自杀 · 车祸 · 流言蜚语

到我目前为止的人生中，最惨痛的那一年，发生了两件事，自杀和车祸。我的名字和这两个不太好的词捆绑在一起，它们好像是笼罩在已经是落汤鸡的我头顶上的乌云，时不时来一点雷鸣闪电助兴，让我的失恋更加具有悲剧性质的戏剧效果，成为各路围观群众、吃瓜路人茶余饭后的谈资。

“就是她，对的，和 T 君分手了，然后为了 T 君自杀。”

“是割腕，手上的伤疤，她都发微博了。”

“还出了车祸，差点儿没挺过来。”

……

诸如此类的留言在网络上肆意传播，对于当时的我，算得上雪上加霜，好似在我已经被击倒在地，爬不起来的时候，还有那么多如潮水般涌来的人，围着我，看着我，讨论着我为何跌倒，为何在这里躺着，吊着一口气，也许有人在真正地担心我，但也有人就只是这样看着，好像在等着这出戏的下一个高潮。

那个被T君抛弃后，为T君自杀，还发生车祸的女人，她还能为失恋做出什么惊天动地的事情？

丢人、尴尬、生气、愤怒、伤心……

我想开口解释，却又无能为力。

直到时隔多年后，有这次机会写书，才能把这两个词重新来说一说。

自杀，不过是一次和T君激烈争吵后，自己发脾气时误伤了自己。我和T君的相处，可以形容成彗星撞地球，能撞出爱情的火花，也能撞得遍体鳞伤，用村上春树的一句话来说，就是好的时候，是真的好；而不好的时候，也只有自己知道。

车祸，更是和T君毫无关系，但是这件事却也是我人生的提到。

反正就是两件本来和失恋不相关的倒霉事儿，都被失恋这一波赶上了，然后被毫不犹豫地打上了失恋的烙印，成了我失去 T 君后，陷入人生低谷的证据。在当时那种环境下，越是解释，越是掩饰，越不如什么都不说。

当然，我也不否认，那一段时间，确实是我人生的低谷。

T 君轰轰烈烈地到来，在我的世界里面造了一栋看似华丽的城堡，在我觉得自己最幸福、最接近童话结局的时候，狠心决绝地离开。

城堡坍塌，生灵涂炭。

二十五岁的年纪，人生的分水岭，听说女人会在这里之后，老去。

有那么一瞬间，我感觉自己失去了青春，也失去了本来应该属于我的未来。

我站在这个分水岭，不知道应该怎么走下去。

002

T 君其人

在微博刚兴起的年代，那时候还没有网红网黄网黑，明星也不卖衣服不卖面膜不卖酵素，每天转的最多的就是“谁家的狗丢了帮帮忙”和“今天一群人吃了啥玩了啥@所有人收图”诸如此类。

那时候的微博还是个社交软件，还没有升（duò）级（luò）成粉丝经济孵化园。大家都爱互相关注周围的朋友，以及朋友的朋友。

一个连着一个的关注，鬼使神差，我关注到了 T 君。

之所以我和 T 君的分手能成为网上热议的事，全因 T 君当时在网络圈子里小有名气，据说是当年天涯十大名博，当然我从不混天涯论坛，也不太搞得懂他们那个论坛圈子的“大大”和影响力。

认识 T 君的那一年，我还是个愤世嫉俗的小青年，微博就是自己的私人花园，想什么就说什么，就算乱发一通的时候，T 君也会时不时地来留个言调侃两三句，我们的对话套路一般就是拼段子，如同现在两人认识就要斗一轮表情包一样，一来二去就熟络了起来。

当时只是觉得这个人说话还有点儿意思，如果说幽默是天赋优势加后天努力，那 T 君就是两者兼具的佼佼者，我想这可能也是他混天涯能混出点名堂的原因吧。

讲段子和神回复是他的常用技能，这些技能可是需要深厚的文字功底和卓越的情商的，所以虽然没有和他见过面，只是在网上交流过，我对他的印象还是很好的。

他可能也觉得我一个小女生每天满嘴跑火车，跟他斗智斗勇地耍嘴皮子比较好玩，有一天，忽然提出了要约我吃饭。

这个时候我就保持警惕了，赶紧去搜了搜这个人的来龙去脉，毕竟是网上认识的人，谁也不敢保证他不是偷肾的呀。当时他还戴了个黄 V，具体认证的什么不记得了，那个时候的 V 含金量很高的呀，不像现在一个微商西南区总代理都是一个鲜艳夺目的红 V……

这一搜不得了，发现 T 君的经历还真有点儿意思，上过《天天向上》《鲁豫有约》，跟很多一线艺人都称兄道弟，还去索马里当过战地记者，办过自己的摄影展，当时成都的机场高速收费标准还因为他在微博上声讨而演变成社会热点问题逼得高速公路局不得不将收费调低了几块……

一身的才华，加上强大的行动力，让 T 君的阅历闪闪发光。

而我，刚好，对这种男人的设定，毫无抵抗力。

T 君，是一个真正地在过自己想过的生活，并敢于付诸实践的人。

相比起现在很多口口声声说着想要实现什么梦想，想要去过什么样的生活，想要完成一件什么样的事，但从不会主动去做的人来说，T 君，便是言必行，行必果的人。

我喜欢这样的男人。

只是没想到，他唯一一次言出无行，行出无果的事，是娶我。

003
彗星撞地球

和 T 君的第一次见面，是约在星巴克。

一杯美式咖啡一台笔记本电脑，文艺男青年标配指定约会地点，你懂的。

所谓的小清新，所谓的小资情调，和 T 君的气质很符合。

我还依稀记得那天的对话内容，仿佛是特别高端、大气、有理想。

当我问到他为什么要冒着生命的危险去索马里，有没有考虑过万一自己回不来了怎么办的时候，他的回答，我至今都还记得：

“每个人都有理想，理想和梦想是不一样的，梦想是可以通过努力去实现的，而理想是努力了也可能实现不了的，战地记者就是我的理想，去的时候我就做好了回不来的准备，如果我死在那儿，我也此生无憾。”

我的天哪……

这么有格调，深得哀家喜爱啊！能这样肆无忌惮、装得如此行云流水的人一定是纯粹的人、高级的人、脱离了低级趣味的人，这就是我要的诗和远方啊，我想要的爱情，我理想中的男朋友。

爱情来的时候，就是那么一瞬间，彗星撞地球。其实那天晚上黑漆漆的，他长什么样子我都没仔细看，但已经被这些巨大的、华丽丽的烟雾弹炸晕了。

脑子里不停地闪现“这个可以有这个可以有……”

T 君只是和我见了一面，说了一些话，而我已经想到了和他的一万种未来的可能性。

见面的最后，他还送了我一本书，经我确认，是他写的。当然书名我不想说了，干吗还在自己书里给前任的书做宣传，是吧。

既然已经相遇了，那再后面嘛，就是相知相爱。

在还没确认关系，在朋友和暧昧阶段徘徊的时候，T 君就把我介绍给了他的所有朋友，并非常厚脸皮地称我是他亲媳妇儿。

我本来也喜欢他，所以心里乐得跟什么似的，便装着半推半就地接受了这个称呼。

我们就这么自然而然地在一起了。

和他在一起的前几个月很开心、很充实，他就像注入我生命里的新鲜血液，让刚进入社会并没有太多阅历的我感受到了很多这个世界的新奇，就像没有见过世面的小孩子突然进入大人的世界，原来生活可以这么五彩斑斓。

可是这样的开心并没有维持多久，几个月后我们就开始吵架，无休止地吵架，小到吃碗面点什么菜、看电影选什么场次，大到什么时候见家长、将来如何教育子女等，生活中无论小事大事都有分歧，记忆中好像没有哪天是不用吵架安安静静地度过……

T 君这个人呢，并没有什么大问题，品行端正，自强自立，孝顺父母，如果这世界非要分好人和坏人的话，他一定是个好人。

只是我忘记了，彗星撞地球，不仅能撞出爱情的火花，还能一不小心就两败俱伤。

004

所谓求婚是个童话

每一个女孩，都梦想有一个梦幻而盛大的婚礼。而在这个梦想的前提下，当然还需要一个用情至深、金石为开的求婚仪式。没有求婚仪式的婚礼，仿佛就像剪掉铺垫与前奏的电视剧，一开场就是剧情的高潮，然后戛然而止，让人回味起来，总是觉得美中不足。

而且，要事前保密。男的要诚意十足地登场，手里捧着鲜花和钻戒跪下，意外不意外？惊喜不惊喜？女的要捂嘴惊讶，继而流泪，感动地点头答应，好意外！好惊喜！好感动！

T 君的求婚也是这样。

即便在恋爱的过程中，我们吵了整整一年多的架，一路走来磕磕绊绊，但他还是在第二年的冬天，他生日那天，向我求婚了。

一个意料之外的求婚视频。

T 君自己悄悄提前一个月就去找了我们周围所有的朋友录制求婚视频，说来也奇怪，出现在那个视频里的绝大部分情侣或者合作伙伴，都分道扬镳，似乎是一个预示着分离魔咒的视频……

正是因为视频中出现的一些明星祝福，让这个视频不止达到用情至深、金石为开的效果，甚至达到了轰动全城，众人皆知的地步。

T 君动用了他的所有资源，在他力所能及的范围内，用他的方式在表达着对我的爱，我当然和任何一个女孩一样，既惊喜又感动。

在这样巨大的幸福感和满足感的冲击下，没有人会说 No，当时的我，对我和 T 君的未来充满了憧憬。

我想这也许是一个相爱的人经历了那么多磨合后，终于迎来了大团圆结局的故事。

在二十五岁这一年，我被T君求婚了，我答应了，我觉得自己会在二十五岁，这个所谓的人生分水岭之前，完成自己的终身大事，与T君步入婚姻殿堂。

这一切那么理所当然，顺其自然。

只是我没想到，这是一个倒霉女主角的开场故事，等待男主角登场前的漫长预告。

关于T君的求婚视频，有一点，我不太喜欢，那就是求婚视频在网上被转疯了。

说实话，突然之间有这么多陌生人关注到我的私生活，让我本能地开始有点儿害怕，我问T君能不能不要@我微博，他说好，于是转发里真的没有出现我的微博，他确实没@我，但换成了我的真名。

其实回想起来，细节决定成败，这些小细节，也许就是我和T君无法最终走到一起的原因。

就这样，一个看起来像爱情童话一般的求婚视频，于当时的我来说，算得上是一颗蜜饯，而在我和T君分手后，它就成了砒霜。

一场众人皆知的求婚，一场被众多网友围观的求婚，最后的结局，让人尴尬，不提也罢。

005

最好的结局是后会无期

在求婚后，我以为接下来就是我们幸福而繁忙地筹备婚礼，可是等待我的却是长达半年的争吵不休。

可能是因为T君工作压力太大，也可能是因为我们性格确实是太对撞，两个人之间吵得越来越厉害，小到一件不能再小的事情，也能成为我们吵架的原因，无数次的分手、和好，无数次的离家出走、无数次的痛哭戾气，搞得我们遍体鳞伤筋疲力尽，周围的朋友也从刚开始的祝福变成劝我们分开……

什么爱情，什么承诺，都会慢慢地消磨在一次又一次的身心俱疲的拉锯战中。

我和 T 君好像坐在跷跷板的两端，永远无法找到一个平衡点。

我非常苦恼，想要寻找出路又找不到，不知道问题出在哪里，每天都陷入这个死循环，当时真的不明白，为什么两个感情没有问题又真心想和对方在一起的人，就是没有办法在一起……

后来我想通了，我们俩的根本问题，就是两个世界的人，却没有一个人愿意为对方做出让步，没有人愿意放弃自己的世界，进入对方的世界，或者两人都放弃，然后创造一个适合两人的新世界。

我和 T 君，都在自己的世界，圈地为王，等着对方过来投降，可是偏偏两人都是不服输、不让步的人，所以只能错过，再也等不到对方。

首先我和他从小的成长经历就不同。

T 君从小就很优秀，从小到大都是当地各个学校的尖子生，爸爸妈妈都是老实本分的人，年龄也大了，以这个儿子为荣，全部的希望和寄托都放在他身上，他也很争气，大学毕业后，就靠自己的能力留在了外省，这么多年以来，一直一个人在外打拼闯荡，每年过年才回一次老家。

由于长期在外闯荡，朋友五湖四海，所以平时在他身旁陪伴最多的是兄弟朋友，这也养成了他每天工作之余必须跟一帮兄弟一起聊天喝酒的习惯。

可以这么说，我跟他一起的这一年，一周七天，有四天都是跟他兄弟在酒吧度过。

而我呢，从小就没有离开过爸爸妈妈，毕业后工作的地方也就离父母居住的城市几十千米而已，下班开车一个小时到家。

我家人丁特别兴旺，父母的兄弟姐妹特别多，表亲之间关系很好，所以逢年过节我们都喜欢聚在一起，中秋也好，清明也好，总要换着花样的各种野炊、烧烤、打麻将，所以在我连续邀请了几次 T 君参加我们家庭活动后，他开始表现出了不解，“不是清明才聚过了吗，中秋又要聚？”

就像我不理解为什么他一周要跟兄弟聚五次的道理一样……

还记得一次印象深刻的吵架。

他的朋友从远方来，我们做东请朋友吃火锅，我想表现得很懂事，一直嘘寒问暖张罗上菜，看见锅里的菜要吃完了，我立即询问要不要加菜，大家都正喝在兴头上，虽然他们说不要，但我还是做主加了两个，可菜刚端上来 T 君就冲我发火：

“人家不是说了不要了吗你怎么还点？”

“我以为他们是客套，想到你们还要喝会儿，怕不够吃，就点了。”

“对不起，我和我的兄弟从来不懂什么叫客套，我们之间不需要假惺惺，他们说不要就是真心不需要！”

又是一场无休止的战争……

我们从火锅店吵到大街上，整个店里的人、大街上的路人都在看着我们，我和 T 君两个人却双双失控到完全屏蔽周围人，好像激活了休眠在内心的野兽一般，恨不得从喉咙里跳出来把对方吞噬了才好。

他的朋友也因为劝我们而搞得筋疲力尽，最后大家都不欢而散。

类似这样的例子太多太多了……

站在各自的立场谁都觉得自己没错，但永远无法找到一个适中的办法去解决所有争端。后面还发生了很多很多事，由于涉及个人隐私，也本着对当事人的尊重，所以不便多讲。

那年冬天，饱受精神折磨的我在无奈和无助中，终于决定放手。

最后一天，决定要离开的时候，给他发了一条很长很长的微信，发出去那一秒我立马点了删除好友，因为我怕，我怕收到他的任何回复，都会心软……

后面他再也没给我打过电话，我们都累了……

这段求了婚、见了家长、所有人都以为会步入婚姻殿堂的恋爱，宣告结束。

后来我们再无交集。

我想，我们之间最好的结局，就是后会无期。

006

大学里闪闪发光的男孩

有这么一个定律，人一旦变成回忆，就会更加可爱。

不知道是这个定律作怪，还是在大学这个风华正茂的美好时代，造就了 P 君，在我的回忆中，他一直是一个闪闪发光的人。

我和 P 君，相遇在大学。

大学，就是一个一点就燃的……知识海洋。

来这里求学问道的年轻男女，他们之间的星星之火，在经历了朦胧、懵懂、被学业和高考压得喘不过气的中学阶段后，终于可以来到大学里面疯狂燎原。大学里恋情的美好，在于它的抛却凡尘俗事，它的无拘无束，野草风华与肆无忌惮。

进入大学后，一直就知道有P君这么一个人物的存在。虽然我在法学院，他在文学院，但是P君之名号，如雷贯耳。

因我们都在学生会，所以口耳相传中，我知道学生会的校社联宣传部部长，是一个颜值颇高的家伙，和那些或呆板，或迂腐，或不解风情的男生不同，P君气质卓然，穿着打扮甚至连发型，在其他刚进大学的男生脱去高中校服后，还在各种戳瞎眼的直男打扮摸索中，P君已经走在毫无违和感的潮流与搭配前沿。

眼花缭乱的潮牌，一双接着一双的限量版球鞋，是他的招牌。

因同在学生会，与P君打过几次照面，不可否认他的帅，偶尔擦肩，也会忍不住多看几眼。但是当时的我，才不屑这个校园风云人物，在我看来，不过是一个家境不错的小白脸，我可是一个看重内在的傲娇颜控。

直到我发现他的内在，忽然就让他的颜，镀了一层金光。

也不是什么惊天动地，天雷地火的相遇，不过就是在一个百无聊赖的校园日子中，我和室友就这么漫不经心地溜达进了演讲比赛的决赛现场。

剧院里前排领导正襟危坐，其他位置被各学院的同学们挤得满满当当。我们两个打酱油看热闹的同学，努力踮起脚拨开人群，想看看是些什么幺蛾子在扑腾。

当我这个矮子左右腾挪，终于来到了第一排看到舞台，一抬头就看见了他，干净的白衬衫，修长笔直的西装裤，站在台上，站在聚光灯下，和平时不一样的 P 君，帅得更加直击要害。

后面的比赛我也有继续观看，有选手预留了稿子，或者有的选手是半脱稿演讲，所以属于 P 君的十分钟，在我看来，前无对手后无来者，脱稿演讲，游刃有余，动作有度，技巧纯熟，口条更是无从挑剔，他看着台下的观众，仿佛也在与我对视，时隔多年后，他的演讲题目和内容，我已经完全不记得了，但是我记得当时的那个画面。

干净斯文、英姿勃发的 P 君，他在与我对视，目光清澈而飞扬，明亮闪烁。

爱情，从没有诗人啊文人啊他们说得那么深不可测。

爱情就是，P 君与我对视的那一刻出现了，至少我认为他就是在看我。这么好看又有才气的汉子去哪儿找啊，这种“入江直树”的人设多么宝贵啊！遇见了就要赶紧抓住，心一动，腿一软，就跪倒在了颜值与才华俱在的 P 君跟前，再也爬不起来了。

之后我就利用职务之便，在几次文艺演出中硬拉他入队，万万没想到，P 君居然还会跳舞！这不是天赐良缘是什么？所以只要有男女搭档的戏份儿，我就立刻把我自己和他组成一对，跳着跳着，你搂我摸，一来二去，眉眼传情，就跟《La La Land》里男女主角似的，跳在一起了。

在一起后，我才知道，P 君在学生会的时候，就对我窥窃许久，每一次擦肩，我在瞄他的时候，他也在偷瞄我。然后演讲比赛那一次，他真的是在看我！高冷的 P 君默默地放着才华的大招，按兵不动等着我来拉他入舞队，自己苦练舞技，嘴角上翘，眼梢带笑地看着我硬要和他配对。

第一次排练双人舞，暗自窃喜的一次旋转，顺理成章的一次牵手，谁曾想到，这一牵，就是六年。

007

抛却世俗愿景的四年

正如上文所说，大学里恋情的美好，在于它的抛却凡尘俗事，它的无拘无束，野草风华与肆无忌惮，未来仿佛触手可及，又仿佛永远不会来到，我们好像永远都会这样过着明亮又晃荡的青春。除了学业以外，P 君忙着他的文学杂志和学生会，我忙着我的街舞社，两个人偶尔逃课约会，手牵手逛大街，是精彩丰富的大学校园生活中不可或缺的小甜心，吃上一次，甜上一周。

成都的一年四季，自古以来都很少能看见大太阳，所以才有蜀犬吠日的说法，可是在认识 P 君的那几年，我觉得成都的每一天，都是阳光灿烂的日子。

和喜欢的人，谈一场喜欢的恋爱，在大学里能够避开世俗的四年中，数以千计的日日夜夜中，是一个与世隔绝的魔法世界，这个世界里，刮风下雨是情趣，打雷闪电是冒险，风和日丽是日常。

不像现在感觉日子过得飞快，每一天都是新的一天，总是希望慢一点慢一点，可是转眼，我的女儿都能开口喊妈妈了。年少时的日子，总是过得很慢很慢，慢到每一个画面都可以定格。

站在校门口的书店，低头翻书的 P 君，是我印象最深刻的一个定格画面，安静而美好。为什么印象最深刻，也许这就是我喜欢他的原因吧。

在那个还没有智能手机的年代，在那个还流行 QQ 空间、校内网和博客的年代，在那些琐碎而清晰的小日子里，我用光影魔术手把自己 P 成离子烫非主流发在校内，他用尖锐诙谐而深刻的文字在博客上大展拳脚。

他的文字，他的想法，他的思维，还有他的素养，每一点对我而言，都是致命毒药。

作为那家小书店的 VIP,P 君买了太多书，导致最后毕业的时候，因为行李问题，只能选择放弃一些书。

P 君很难过，他说毕业了，唯一舍不得的就是他的书和我。

书，他倒还是带走了几本。

只是最终，还是没有带走我。

插个主题外傲娇的题外话：我们舞队很出名的，还上过众多中央电视台晚会，都是科班出身基本功很扎实的那种，Breaking、Poppin、Locking、Jazz 各个部门分得很细，我是 Girl's Hip—hop，yeah，就是裤裆吊在大腿上每天走路都在 up—down、up—down 的那种，一本正经地科普我炫酷到不行的青春岁月。

008

2008 年 5 月 12 日

2008 年 5 月 12 日下午 2 点 28 分，汶川大地震，百年不遇。

就算过了那么多年之后，我还是依然很清晰地记得那个下午，那是我那个学期第一次去上国际经济法，突然之间教室开始摇晃，剧烈地摇晃，因为从未经历过，所以有那么几秒钟的短路，但是因为摇得实在太厉害了，厉害到那一刻不管你有没有意识到这是大地震，你都会感受到，这栋楼要塌了！

同学们开始一窝蜂地跑出拥挤不堪的走廊、冲出教学楼。

我个子不高，一下就被人流淹没，被人流裹挟的我不知被带向何方，就在仿佛快要到出口并感觉马上就要窒息的时候，我头昏脑涨，眼冒金星，却在那么多人中一下看见了 P 君，他朝着教学楼跑过来，冲进人群把我一把抱住，我也紧紧地挂在他身上。

一句话也没有。

地震还在继续，天旋地转，人声鼎沸。

可是那一刻，我觉得，我已经安全了。

那一刻，就算死，我想，也是不怕的。

终于在第一波大地震过去后，惊慌失措的同学们才开始慢慢回过神来，大家都吓傻了，女生都开始哭了起来，就算平时我多么大胆，天不怕地不怕的样子，那种在鬼门关前走一遭，劫后余生的感觉，真的令我痛哭流涕。

当时整个成都平原的信号都断了，电话都打不通，在不知道震中是哪儿的时候，我们都以为是云南。因为云南处在地震带，常年地震，又毗邻四川，能让成都震感这么强烈，那震中大约是在云南。

P 君的家就在云南，当时他心里承受着比我更大的煎熬。

可是他一直抱着我，寸步不离，安慰着我。

当天，全校的同学都集中在操场上，静静地等待广播。后来，广播通了，电话也终于能打通了，原来震中在汶川，离我爸妈生活的城市相隔仅 50 千米。

就在我还没有回过神来，去仔细想家乡会惨烈到何种地步的时候，妈妈的来电像救命般地响了起来，哭着说家里的冰箱衣柜全倒了，家对面的楼塌了，万幸我们家的人都没事，只是我从小玩到大的邻居遇难了，家乡死了很多人，满大街都是受伤的人，死去的人。

2008 年 5 月 12 日，大地震过后，当晚下起了雨，渲染着这天灾过后的满目疮痍，悲情城市。

过后很长一段时间，余震不断，谁也不知道接下来会不会再有大的余震，人心惶惶谣言四起，P 君的妈妈也打来电话叫我们去云南避避。

那个时候，作为母亲担心儿子在外地的心情特别能理解，但我的一大家人还在这儿，我不能走。我说我不走，P 君也没多问什么，就说那他也不走，陪着我们。

于是，他跟着我们一家老老小小三十几口人开始了“逃难”生活。

那时，他就像我们家真正的一个成员一样，在简易帐篷里，和男性长辈们喝酒侃天下——由于他的学识见识，我的爸爸也没有把他当作一个成年不久的毛孩子，而是像男人与男人一样交流，碰撞他们所热衷讨论的那些话题。

我和 P 君，经此一震，算得上生死之交，情如至亲，我以为百年不遇的大地震都分不开我们，就再也不会有什么事分开我们。

可我忘记了，轰轰烈烈也许能至死方休，现实的距离才是洪水猛兽。

009

被现实打扰的两年

在学校的时候，我追我的布兰妮、李孝利，他看他的王朔和那些不记得什么名的外国人；我在他的博客评论里给他留言以他为豪，他在《同一首歌》的舞台下望着大屏幕上我的镜头特写为我加油鼓气。

那时候，每个月双方父母给生活费了就合在一起用，月初逛街购物胡吃海塞，月底没钱了就花两块钱上1路双层公交车，手牵手坐在顶层从起点坐到终点，夜游成都。

说起过去，好像都发生在昨天，历历在目。

比如，P 君爸爸知道他谈恋爱了还悄悄给他补贴，说有啥事不方便跟你妈说的，就告诉爹。

比如，那一年发生了抵制家乐福事件，周围都是年少轻狂一腔热血要上街的同学，P 君有理有据深入浅出地向我阐述这是一种不科学、不合理的起哄行为。

比如，大二暑假，他以接待同学来旅游为由，带我回家见了他父母。

见了他的家人后，才知道他这一身的才气、对社会事务的独到深刻见解是怎么来的——P 君是老革命、老干部世家。那时才知道，P 君的自信涵养来自从小的家庭环境，满腹才华，来自书香门第的耳濡目染。

从那时开始，我感受着他妈妈的威严霸气，爸爸的风趣真性情——后者喝大了一高兴就要唱歌跳舞的真性情，这点跟我爸在性格属性上完全一致，导致在接下来的双方家长见面的饭局上两家人一拍即合，特别支持一双儿女在校求学期间不学无术发展早恋。

就这样，既有琐碎平淡的小日子，又有经历了铭刻历史的大灾难，我们毕业了。

之后就是准备出国留学，我们初定了要一起前往的国家、城市和专业后，就开始了雅思培训和其他准备。然而，计划总没有变化快，在已经准备雅思考试，其他手续也开始办理的时候，得到公务员事业单位招考的消息。考虑到留学回来的终极目的也是为了更好地就业和发展，于是，我们放弃出国，一起留在了成都，提前开始了工作。

到我们俩都二十四岁的时候，双方父母向我们提出了希望我们结婚的意愿，毕竟在一起这么久了，周围的亲戚朋友也都认可并祝福我们。

可能因为太年轻了，并无法理解到婚姻对于我们来说，到底意味着什么。

当时的状态就是不憧憬也不抗拒，但如果父母有这个意愿也可以考虑。所以，我们开始着手看婚房、订酒店……

仿佛是理所当然的程序，应该走到这一步的结局。

后来，他在家乡有了更好的工作和机遇。他让我跟他回去，他的父母也热情力邀我去。然而，就因为我爸爸的一句话，我决定留下来。

“你走了，只会报喜不报忧，在那边过得好不好我们也不知道，你在身边，就算惨，我们至少也看着你惨……”

就这样，在他的犹豫和我鼓励要不先试试看的情况下，P 君回到了他的城市，顺理成章的，结婚，也就暂时没人提了。

也许这段缘分冥冥之中，只有注定，这段成于校园，长于校园，美于校园的恋情，在跳脱出熟悉的校区后，就像失去土壤的玫瑰，开始用不易察觉的速度凋零。他的离开，正是绽放突转到凋零的节点。

那时候，我们真的年轻，总感觉还有大把的时光去谈婚论嫁。那时候，我们在前途未卜的同时又倍感前途无量，各自野心勃勃地计划着自己的一生，万万没有意识到这样的人、这样的情，错过，就是一生。

我们在勾画未来蓝图的时候，都把对方画了进去，却没有问过对方的意思。

再牢固的感情也逃不过时间的冲淡和距离的分隔。生活就是生活，生活毕竟是生活，和大多无疾而终的异地恋一样，渐渐的，一天五个电话变成三个，三个变成一个，一个变成没有……直到最后，彼此都觉得没有任何意义再维持这名存实亡的恋人关系。

其实，哪里又有无疾而终的恋情呢？明线，是一段看似无能为力、惋惜痛惜的感情；暗线，却是做出选择后，那个意料之外、情理之中的结局。

这种并不罕见的分手，就是并没有谁说过分手两个字，却在无奈妥协和不作为中，慢慢向命运投降，慢慢消亡……

最后一次我去他的城市，看他。

去的时候，像往常一样给他外婆、奶奶买了两件羊毛衫，还陪他爸爸妈妈待了两天，跟他的朋友聚了一下。

P 君带我吃了我最爱吃的傣味，唱了一次 KTV，还在六一儿童节那天给我夹了一堆娃娃。然后，他帮我订了机票，送我去机场。

在机场吃饭的时候，他点了一瓶啤酒。我说机场啤酒卖那么贵干吗在这喝，他说喝吧，我们都喝，然后点了一桌子菜。明明我们都不饿，还是点了一大桌。

吃完，我用拍立得拍了几张自拍，分成两份，我说你钱包装几张我钱包装几张，下次见面互相交换，他笑笑说："好！"

可是我们都知道，没有下次了。

进安检的时候，我转过头看他。以前每一次送我，没等我过完安检他就不见踪影了，连背影都看不到。

只有这次，他还在原地，一直看着我。我不敢看他的眼睛，挥手示意走吧，赶紧走吧，他点头，可还是站在原地。我用余光偷瞄了一眼他的脸，他的眼睛里分明有泪花。

在一起六年，见他流过三次泪。一次是吵了特别大的一架后被我气哭，一次是因为他爸爸，再一次就是这次。

我赶紧拉着行李，转身快步往里走，再也没有回头。他到现在都不知道，我抱着他夹的娃娃在飞机上一路哭回成都，还给他妈妈发了好长一条短信，与他们告别。

这真的就成了我们最后一次见面，也是我们最后的告别。

之后有一年，大年三十那晚，P 君爸爸喝多了打电话给我爸爸，我爸爸也喝大了，两人刚开始还在客气地相互拜年，结果拜着拜着就抱着电话痛哭。

我听见我爸在电话里说："亲家啊，好兄弟啊，我舍不得你啊！为啥两个好好的年轻人就走不到一起啊，可惜啊！"我和妈妈在旁边听着，边听边抹眼泪。

俗话说得好，恋爱谈久了不一定是好事。我和 P 君的战线拉得太长，没有在合适的时间转化和升华我们的角色和关系，而天时、地利、人和，我们也只占了人和这一项。

相爱的人，却无法白头到老。

有太多的借口和理由，现实的两年，洪水猛兽。

2014 年 12 月 24 日，我领证那天，他发了一条微博：

“这种真诚由心的喜悦感同身受，这种难得，亲历亲见的人才能体会。其实一个称职的前男友应该是一个隐形人，此时，默默祝福期许就好，你们那必然的幸福，何须一份多余的旁祝呢？但是，有句话还是要说：成年之后，能遇见明亮善良如你的女子，是我大幸；那份尘埃落定的经历，是我受用一生的财富。”

谢谢你，P 君。

谢谢那些年，谢谢陪我走过那些年的你，也谢谢我自己，我们一起明晃晃的青春里，张牙舞爪，手舞足蹈，那些无数个有关于你的画面，我会永远记得。

各自珍重，就此别过。

初恋最好的样子，都留在回忆里。

010

人生中最黑的夜

虽然辜负了上天的美意，和 P 君没能走向一个美满的大结局，但这一段仍是我非常宝贵的人生经历，我们互相陪伴走过了最青葱、最纯粹的学生时代，成为彼此的良师益友。值得一提的是，我的第一条微博也是因他而开——时光好快啊。

和 P 君是我人生第一次真正意义上的恋爱。那时候我根本不懂门当户对和“三观”匹配的爱情有多难能可贵，只觉得谈了一次长达六年的恋爱，遇到了一个还不错的人和不错的家庭，以为全天下的男人都是这样，全世界的恋爱、婚姻到最后都差不多。

直到一场噩梦，我才幡然悔悟，自己当年的错过，到底意味着什么。

在经历了和 T 君分手之后的那一段浑浑噩噩的日子后，我整个人越发憔悴，一向都神经大条、乐观自信的我也变得多疑猜忌甚至开始怀疑自己的人生。

还有一些无形的压力来自父母，也来自周围的环境，身边的朋友、老同学都在忙着恋爱结婚，甚至大多数都有了自己的孩子，而我，P 君之后，遇见 T 君，恋爱求婚分手，青春都付之东流，看起来好像没有一段感情可以开花结果。

当时总觉得二十五岁是一个分水岭，一旦过了，人生就会陡转急下，哪里像现在自己已经三十岁了，可我觉得人生才刚刚开始。

那个时候我着急啊，承受着家庭和周围环境的压力，压得我喘不过气来，为了出路，便开始有些慌不择路了。

就在我急需一根救命稻草上岸喘气的时候，一个好心的朋友给我介绍了一个人，简称 F 君。

论相貌、论才学 F 君都不如前面两个，但他体贴入微，巧舌蜜语，我说什么都顺着我、宠着我、惯着我，鞍前马后，每一天都变着花样来逗我开心，那种把我当作全世界中心的感觉，让我有一些飘飘然。

在他的糖衣炮弹的轮番轰炸下，我把他当成最后的救命稻草。

已经慌不择路的我，在对于是不是真的喜欢他和我们是否有同样的价值观这些事上都无所谓了，觉得只要这个人对你好，真心待你，能有一个对你百般迁就的人在身边，至少外人看起来你是幸福的，这样的婚姻，就足够了。一如现在很多人的择偶态度，我选择了最完全的方式，随了大流。

可是万万没想到，美梦和噩梦，往往就在一念之间。

初次见F君的时候，他西装革履，开跑车戴名表，一身行头都十分打眼，我对如此高调的人向来没好感，要么是华而不实的“富二代”，要么是暴发户。朋友解释说他并不是“富二代”，一切都是靠自己白手起家努力打拼得来，父母从小离异，双方又分别再婚，一个人孤零零地长大，混到今天不容易。现在的年轻人能这样吃苦拼搏的人并不多，听到他的过往，我不禁心生怜悯和由衷敬佩，才慢慢对他印象有了转变。

认识一段时间后经朋友的努力撮合，我们开始联系多了起来，他的各种花式攻心招数也随之接踵而来。他为人处世和待人接物很周全，跟 T 君形成了鲜明的对比，特别擅长察言观色和取悦周围人。今天给我买个包明天给我买件衣服后天买鲜花，每天都有惊喜，且每天都有各种情话，以及许多听起来很美好的承诺，让我觉得好轻松，这与和 T 君在一起天天吵架动怒的糟心日子，是截然不同的。

我带着上一段感情中还未愈合的余伤小心翼翼地修复着，盼望着，期望着眼前这个人能让一切变得好起来。

那年过年，他说他离异的父母都要跟各自的新家庭过年，他没有家可以回去，我听了一阵心疼便叫他跟我们一家去自驾游，一路上他对我的家人百般照顾，我家里人很快被拿下，加之相处了大半年，所以就开始考虑到结婚的问题了。

可是伪装得再好的狐狸，始终都是要露出尾巴的。

在后来的相处中，我经常无意中发现他说的话前后对不上，今天问和明天问的回答是两个版本，谎话连篇到连几点下的班，中午吃了什么，这些小事都要撒谎。我完全想不通，完全不能理解，他为什么要撒谎，女人的直觉就是这些零零碎碎的谎言可能隐藏着什么不为人知的秘密。

我开始不停回忆和 F 君之间的相处细节，有很多让我百思不得其解的地方。

如果白天给他打电话，他几乎都是先挂断，然后再给我回过来，每次的理由，都是说在开会不方便。

和我约会的时候，电话基本关静音，偶尔我视线挪到他手机屏幕上，他就会本能地躲闪，直觉告诉我这个人肯定有问题，只是我不知道也想不明白到底有什么问题。

不仅如此，他的疑心病还很重，虽然我不能随时找到他，但他一定要随时知道我在哪里，记得有一次，他突然打来一个电话问我在哪儿，我说在某某医院，他还会质疑，问我真的吗？

我说真的啊，他说那你马上出来，我就在这个医院门口。

我从未告诉他我的手机密码，而他却在我输入密码的时候，偷偷记住，然后查我手机。

等等等等，诸如此类。

这些控制欲很强的行为，都让我开始感到害怕，比起和T君天天吵架的日子，这种活得如履薄冰，不知道对面那个人什么时候会爆发的未知恐惧感，更加要命。

那段日子我都快成神经病了，每天晚上做噩梦，梦到有人害我，我在梦中各种凄惨，那些梦境真实到第二天还要难受恐惧好久……

正如之前说的，狐狸始终要露出尾巴，一个人谎话说多了，总有圆不起来的那一天。

在越来越久的相处和越来越多的争吵中，我渐渐看清了他的真面目，哪里是什么吃苦耐劳、努力拼搏的好男人！吃喝嫖赌劈腿包养小三，这些烂事儿，F 君一样都没落下，每天在社会上扮演几种身份和角色干尽了缺德事。

原谅当时的我已经经历了两次退婚，原谅当时的我一直把 F 君当作自己人生的救命稻草，原谅当时的我对圆满人生的理解太浅薄，觉得不管如何，在合适的年纪就应该结婚生子，给父母一个交代，原谅当时的我太害怕面对这血淋淋的现实和感情的失败。

不再想继续漂泊，也不再想继续寻觅什么所谓真爱，也许婚姻真的就是，找一个人凑合过日子。

不要再重复一次，被退婚的经历。

再也不要了。

在他的哀求下跪和赌咒发誓下，我竟然……竟然原谅了他，答应再给他一次机会。

他告诉我他也是被逼无奈，逢场作戏，他要生存、要立足，就得遵循这个社会的游戏规则，每个成功的男人都是这样过来的，没有谁的双手干净。

我强迫自己去信服这些可笑的理由，不停地自我催眠和麻痹，有时候人们不是不相信真相，而是不愿意去面对真相而已。

古往今来听见过无数人说千万不要相信出轨的男人，有第一次就会有第二次，有第二次就会有三、四、五、六、七次，但人就是这么笨，非要自己亲身经历了才知道，道理之所以称为道理，因为它道出的，是人性。

一个人要出轨，是怎么都要出轨的，相反，一个不出轨的人，是怎么都不会出轨的，这关乎于血统、基因、受教育程度、家庭环境，以及素养程度。

很不幸F君属于前者，后来发生了一系列事件，一系列在电影里、小说里才会出现的狗血事件，我知道F君坏，但没想到他有那么坏。

我以为自己以前感情失败，是因为自己要嫁给爱情，要轰轰烈烈。但是没想到我放弃了嫁给爱情，放弃了所有的坚持，甚至放弃了一些底线，找一个凑合着过日子的人，到头来还是感情失败。

再这样执迷不悟坚持下去，我断送的就不是大半年，而是这一生。

因为 F 君是女孩子宁可孤独终身，也不能嫁的那种人。

出身贫寒的他，极度渴望出人头地，渴望成功，但由于自身文化层次的局限，对成功的理解又仅仅停留在物质、金钱、名利这些层面上的追逐，这就是为什么 F 君宁愿房子住得离市区非常偏远，宁愿每天多花一个多小时进城，也要把自己辛苦赚来的所有的积蓄凑起来不停地换二手跑车的原因。

拉风的跑车，这是能让他活得理直气壮的物质基础，是安全感，是他出入社会的底气。他认为只有开好车才能受到周围人的刮目相看和尊重，能让众多女人在其周围环绕，一辆跑车被他奉为成功的标志，他非常享受人们看他的车，享受女人们对他的前簇后拥。

他的所有的存在感和虚荣心要靠物质才能满足。

而这类人的成功之路往往很艰辛，他们要付出比常人更多的汗水和努力，所以这小心翼翼一步一步得来的名利对他们来说特别珍贵，珍贵到为了成功，可以不惜牺牲一切，一旦发生利益冲突，他首先牺牲的就是常人眼里最在意的亲情、爱情，因为这些跟他的功成名就相比，算不得什么。

在这个世界上的每一天，人们都是周而复始地奔波着，为生活、为梦想。F 君每天奔波的目的就是为了钱，为了钱，为了钱。当然我不是不食人间烟火，没有钱是万万不行的，只是F君对于钱的理解，实在太过于俗气又浮夸，什么资产上亿，买个游艇，要在办公室里设个高尔夫练习道，还要在香港买一套房子、请个菲佣，且要找个小国家投资移民，拿个外交身份，以后在机场不用排队从外交礼遇通道出来……后来我在一部电影里面看到了他的全部梦想，那部电影叫《窃听风云2》。

后来，我在微博的各种吐槽君的文章中，知道F君这类人的一个非常响亮的名字——凤凰男。凤凰男也有好坏之分，而他恰恰是典型的不能再典型的凤凰渣男。

这一次，天不时地不利人不和。

东窗事发那个晚上，我一句话都没说，收拾好行李，拉黑一切联系方式，删掉手机里所有他的照片，并归还了他送我的几个A货包、衣服、洗发水等，驾车离开。

第一次我觉得，那段路好长好长，一直开，却开不到尽头。我的脑子一片空白，想大哭一场竟然一滴眼泪都流不出来，心痛的时候是真的心痛，心脏的位置一阵阵绞痛，并不是因为这个人，而是因为这个人，我对这个世界彻彻底底地绝望了。

我对爱情，对男人，对所谓的婚姻与未来，彻彻底底地失去了幻想。

011

我以为我完了

我始终相信世间万物是有磁场的，人也不例外，当你运势不好的时候，坏的磁场会齐聚在一起，周围一切坏的事物都会向你靠拢，所谓祸不单行，就是这样。

同年夏天，我经历了一场惨烈的车祸，真的算是到鬼门关晃了一圈。

这场车祸，就是开篇我提到和 T 君分手后，网上传的其中一件事。

我还记得那晚，我与朋友，也是合作伙伴，刚刚忙完工作，因为业绩喜人，心情颇好的我们，决定去山上兜兜风。

那是一处本地著名的飙车的山道，路形崎岖弯道陡险，右侧靠山，左侧是悬崖，在下山途中，车速并没有很快，谁知突然开始下雨。

我坐在副驾驶，正在编辑一条关于工作的朋友圈，在路过一个急弯道的时候路面突然就开始打滑，方向盘失控，我们撞倒左侧的大石头，整个车身腾空而起连车带人飞下了山。

我记不清车身翻了多少圈，只记得滚了好久好久都没有落地，每撞击地面一次，胃部肺部五脏六腑就像搅和在一起似的，阵阵剧痛。

那是我第一次感受到身体剧烈撞击之痛，就像是被一个巨人抓住我的身体使劲往地上反复摔打的那种感觉，身体每一个器官都钻心的疼。

记不清滚了多少圈，车身最后四脚朝天仰翻在离公路几十米的山崖下，我们被倒挂在座椅上（准确地说是被倒挂在安全带上，后来想起来实属后怕，如果不是当时系了安全带，我们早就在下翻过程中被抛出车体落在山体之间，小命呜呼了）。

车跌落以后，我们两个人都神志不清，我在昏迷了几分钟后，渐渐恢复意识，周围漆黑一片，只看得见汽车的尾灯，听到不知是水箱还是油箱里面滴答滴答的漏水声，我立刻清醒过来，可能是因为电影看多了，我以为油箱要爆炸了，连忙解开自己身上的安全带，结果头先着地整个人栽下去，原来我的头部位置是一条深沟。

说来万幸，第二天勘查现场的人说我们头向下的位置，周围布满了大大小小的石头，唯独我俩头顶的位置是空的，也就是说当时哪怕是车身偏离一点点，我们都头撞石头脑袋开花了，可偏偏那两个空隙，刚刚容得下两颗头颅，就像是事先挖好了一样，这一细节到现在想来都还觉得实在是大难不死……

解开自己的安全带后，我立即去找我的朋友，当时她完全处于昏迷状态，我摸到她身上全是血，任凭我怎么大声呼叫她的名字使劲拍她的脸，她都没有任何反应，我第一个反应是她已经死了！

但身处当时那情境，我竟没有半点儿害怕，更来不及悲伤，脑子嗡嗡作响思维却异常冷静，脑子里唯一闪过的念头就是车要爆炸了，我得赶紧把她拖出来，得给她留个全尸，不然她父母如果连她最后一眼都看不到不知会有多么伤心欲绝……

我跪在泥土上拖着她，拖了好远好远，拖到觉得足够安全的距离，才想起要找手机打电话报警，可是当时一片漆黑，我的包、鞋都不知被撞飞到哪里去了，我望了望头顶，好像能看到一点山上公路的光，我意识到可以回到公路上去拦车呼救，于是我把她又拖得离车远了一点，然后赤脚往山坡爬去。以前经常听人说起超能力现象，说人在危难紧急关头可激发出超乎平常很多的能力，后来想起那天经历的事，我确认传说中的超能力现象，出现在了我的身上。

爬上山的时候，完全看不见脚下有什么东西，因为看不见，反倒打消了我的一切恐惧，只记得往上的路很斜，我是靠一路抓住上面的草根为辅力，没几分钟就爬到了公路上。

等了一会儿终于来了一辆车，我急忙招手拦了下来，我跟车主说，我们的车翻下去了，我朋友死了，她还在下面，车马上要爆炸了，求求你帮我报警，找人帮我下去抬她上来。

她看看我，又望望山下，说，“那你怎么在这里？”我说我爬上来的。

我到现在都还记得帮我报警的那个女生看见我的惊恐表情，她可能都不知道我是人是鬼……后面我才知道那个女生为什么惊恐，因为第二天勘查现场的警察告诉我那个山壁又陡又险，他们白天都是由山上的居民带路从旁边的小道绕下去，我在漆黑的夜晚又光着脚没有任何工具是绝对不可能赤脚爬上来的……

人在绝境时的求生欲望，让我这样攀爬了上去。

救护车和警察几乎是同时到的现场，看见穿白大褂医生的那一刻，我就瘫在了地上，感觉什么力气也没有了。四五个警察和村民把朋友从山下抬上来，我们俩被一人放在一个担架上，送到救护车上，我迷迷糊糊听到旁边的人说“快点快点给他们输生理盐水，赶紧把血管打通，这俩人内脏都应该烂完了……”

那时候我才意识到，我完了，我可能要死了，我突然好想我妈，我外婆，我的憨妹（我家的狗）。

我转头看了看身旁的朋友，一阵难受正涌上心头的时候，她突然咳了两声，然后虚睁着眼睛问我，这是哪里？？？

我激动地哭出声来，原来你没死，你没死！！！你还活着……

她看着我，好像回想起了什么，嘴里开始一直呜咽着：“对不起，对不起，我把你害成这样，你头上在流血……”

我们一路哭着到了医院，她爸爸妈妈接到警察的通知赶到了医院，陪我们做了整套检查，万幸的是，除了手腿轻微骨折和一点皮外伤之外，我们并无致命性创伤，当时伤没伤我都没在意，唯一担心的是，不能让我妈知道，不能让我家里任何人知道。

第二天报纸上登了这一场事故，大家都在讨论车上的人肯定死了，没人知道上面说的人，就是我们。

后来朋友在他朋友圈发了警察拍回来的车祸现场照片，整个车身骨架报废变形，轮胎轮毂分离，整个现场触目惊心，我妈看到腿都吓软了，立即打电话过来问我她的情况，担心她的安危，我并没有说，我也在车上。

那时候是夏天，除了脸上、腿上的伤疤外，肩上有一大块被安全带勒过的瘀伤，为了不被我妈怀疑，我整整一个多月找各种理由没有回过家。直到现在，她也不知道，其实那场车祸，我也有经历。

那段时间我一直在朋友家休养，她妈妈定期带我们复查，煲汤炖粥给我们调养身体，她的家人都说我们是真正的生死之交。

除了F君那个人渣外，这场车祸大概是我人生第二件可怕的事情。

生死之后，还有什么可以执着？爱情和婚姻都是烟云，靠不住，也许这世上，除了我爸妈外，还能靠得住的人，只有我自己了。

012

董完了

在没有遇见那个人之前的那几年，是我人生最跌宕起伏，混乱不堪的几年。

短短数年间，我从无忧无虑、不谙世事，到尝遍世间变故冷暖，从乐观开朗变得消极低迷、郁郁寡欢。

这一路走得太艰辛太困苦，伴随着我的除了满满的负能量和一个又一个的打击外，我开始怕和人接触，不喜欢和朋友聚会，也不喜欢跟人聊天，心理严重扭曲，甚至屏蔽了所有在朋友圈里晒老公、晒小孩的朋友……

我二十七岁了，家庭没有，事业也没有，看起来，我的人生真的是一无是处。

才二十七岁，却感觉好像已经站在了人生的悬崖边上。

印证了一个道理，二十多岁的年纪，并不是真的怕老，而是怕自己的一事无成，怕自己的碌碌无为。

时间推着你向前，而你却看不到未来的感觉，不就像是站在悬崖边上的人吗？

想到我妈妈身体一直不好，她和我爸辛苦把我养育成人，而我不能让他们安享晚年，反而让他们跟着我担惊受怕，心碎操心，便觉得自己实在太不孝了。

因为我自己过得糟糕，好像周围的磁场也变得很糟糕。那段时间总是听到周围的这个朋友的老公又出轨了，那个朋友的男朋友又逃婚了，从小青梅竹马的一对模范夫妻又离婚了……

一时之间周围所有人都在遭遇婚姻的不幸。

结婚？在当时的我看来，就像一柄一直悬在我头顶，又落不下来的砍头刀。

慢慢地我开始失眠，严重的失眠，刚开始靠副作用较小的帮助睡眠的中成药还能勉强入睡，到后来慢慢半颗安定，一颗安定，到最后两颗安定都睡不着了。

睡不着觉的日子太可怕了，每晚看着外面的路灯，看着看着就天亮了，强迫自己闭上眼睛，什么都不想，但地上掉根针我都听得见，外面有任何风吹草动立即惊醒，就再也睡不着了。

白天也睡不着，一天又一天，日子变得好漫长好漫长，最长的时候整整半个月，都没有睡过一天，紧接着饭量大减，吃什么都没胃口，我知道我已经严重地神经衰弱了，这样下去要崩溃了。

我去看了精神科医生，医生除了开了一堆没用的药外还说了一句：心病还需自己治啊。

是啊，心病还需心药治，可是我的心药，在哪儿啊……

我开始发了疯似地找人算命，朋友介绍的、百度上查的，甚至连微博上算命的我都找过，人最悲哀的是命运已经无法掌握在自己手上，而是把所有希望都寄托于神灵，等着虚无缥缈的神灵来拯救自己，脱离苦海。

其实我对《易经》、八卦的东西不算太有研究，本来不太信这些的，可人与其他动物不同，除了衣食饱暖外，还得靠信念活下去。当生活已经不能带给你念想的时候，求神拜佛，便是一剂慰藉良药。

偶然听到朋友聊起某某地方的半仙儿能够知晓前世今生，命盘八字，只需报出生辰，就能算出过去经历何事和将来命将如何，我都要找过去算一算。

我的过去不用算了，伤痕累累，劣迹斑斑，钱财富贵我也不图了，我只想知道我何时能结束这般厄运，能遇到真心待我，给我平凡生活和温暖的人……

第一个给我算命的大师，看了我的生辰八字，说此命乃吉祥富贵之命，但婚姻路坎坷，多恋不成，有过一段本应该结成连理的恋情，但因众多原因最后没能成喜，但不要紧，这都是命中注定的，秋后会有“有缘人”出现，只有把握住机会，方可成婚。

这一番话让我如雷贯耳，让已经萎靡不堪的我顿时像打了鸡血般重燃对生活的希望，我开始正常工作、吃饭、睡觉，虽然也常常失眠，可梦中被噩梦惊醒的情况少了很多，一直等待着我的“有缘人”出现。

然而，一个月过去了，两个月过去了，天气由秋入冬，气温也慢慢变得冷起来了，我的“有缘人”还没有出现……连影子都没有，我的心也随着气温渐渐发凉……

第二次找了一位精通《易经》的老师，他说从八字上看，我的婚姻宫弱了点，此前经历的那段恋情，差点儿结婚，但如果结了现在也应该离了，原因是男方在外拈花惹草，此男为小人也。但我日后的正缘（也就是最后结婚那个人），是一个各方面都很优秀的人，而且能与我相伴到老，此男脸形为长方形，方位在我的西北方。

我又问我此生会有孩子吗？他说孩子肯定有，且多子多孙，头胎为女，此女为贵子，因为其父条件很好所以她再差也差不到哪儿去，且是文曲星下凡，将来读书非常厉害。

于是我把周围所有认识的未婚男生都比照这个条件对照了一番，都没发现有符合大师口中描绘的那个人。

后面在朋友推荐下又另外找了一位大师，在百度上还查得到他的名字，感觉厉害得不行，于是花高价去找他算了一卦，又说我是个有福之人，财运亨通，将来必有大作为，但婚姻宫显现严重缺陷，问我现在结婚否，若已结则必定会离婚，若没结也是同床异梦以后结了也会离，唯有找到下面五类人中的一类，方可破除此魔咒：

（1）当官的人；

（2）离异者；

（3）当兵的人；

（4）比我大十岁以上；

（5）外国人（只是有留学经历的中国人不算，必须是外国籍，且从小在外国长大）。

听完这个大师的算卦我整个人都不好了……记得当时下楼时都昏昏沉沉，那种绝望和无助到现在还记忆犹新……我想想这上面的五个条件，恐怕只有两项较容易实现：比我大十岁以上和离异者，其他的……根本不可能啊……

这一次回来我又开始浑浑噩噩地过日子，每天不是找地方算命就是在去算命的路上。

我去过罗汉庙数罗汉，去过寺庙烧高香，找过隐居深山的失明半仙，所经之处解签者、看相者都说我命显富贵，家庭美满，可是能给我家庭的那个人到底在哪儿啊？

就这样在心情跌跌起起，时而开心时而绝望中，几个月又过去了……

我依然孤苦伶仃，此时的失眠更严重了，关于算命占卜之事我也不抱任何希望了，从最开始半信半疑抱着试一试的态度变成完全嗤之以鼻。我不再相信这世界会有人能算到你的前世今生，所谓的大福之命也为了讨你欢心想多赚取点卦金的夸夸其谈而已。我把自己的命运寄托于他人的占卜之中，想想也是荒谬可笑至极。

年龄一天天增长，伴随而来的是家里的无形催促和担忧。

外婆已经七十五岁了，我是她的长孙，从小跟着她长大，吃她做的饭吃了十八年，她最大的愿望就是在有生之年能看着我找个可靠的人成家。

在经历了这几次的婚期变故后，外婆终日唉声叹气，担心自己等不到我嫁人的那一天，也担心我遇人不淑，就算勉强嫁了，也不能得到幸福；父母频繁参加同学儿女的婚礼，回来描述婚礼之细节给我听，看到他们眼神中流露出的羡慕和渴望让我心疼不已。

走投无路的我居然去报名加入了某婚恋网站的一对一 VIP 会员。

交了几万块的入会费后，我开始一个个接见红娘们按我给的条件为我推荐的男士，是的，像面试一般，带着资料简历一个个约见。

我那时已经完全没奢望过喜不喜欢、爱不爱的问题了，只要是符合我的条件能让父母暂且放心，能诚心、快速地给我一个家，最好再能快速孕育一个孩子，今后过得好不好、婚姻美不美满都无所谓了，我甚至做好了闪婚闪离的心理准备。

可想法是这样真正落实到行动上又困难重重，这世界哪有那么多合适的人，就算比着条件找，条条都符合了，也有可能两个人“三观”、性格、兴趣爱好完全不一样，坐在一起连聊天的话题都没有。

就像把全世界最完美的眼睛、鼻子、嘴巴拼在一起，拼接出来的这张脸也不一定是完美的一张脸。

当时推荐的这些男士，其实个个都足够优秀，但始终没有双方都一见倾心有强烈想要再深交发展的欲望，渐渐地也就失去了信心，不了了之。有两个之后还成了朋友，很欣赏和认可，但始终没有发展成男女朋友的关系。

于是我才明白，爱情之所以是盲目的，是因为吸引你、让你为之疯狂的不是外界的那些虚无的条件、物质，而是就在某个瞬间，突然打动你、让你的内心泛起涟漪的那种心动。

最后我便明白了这个道理，我并不是那种能只要风花雪月不要诗和远方的人，在现实面前还是无法妥协，一段没有爱情的婚姻，不要也罢。

那时候才恍然大悟，世上最难的一个愿望，叫“愿每个人都嫁给爱情”。

那时候我已经没有任何心思去想别的事情，事业、工作、名利、金钱……对我来说都不具有任何实质意义。我深知随着年龄的增长，我遇到优质男性的概率越来越小，成功的本钱也就大大减少，男人越老越值钱，女人越老越贬值；男人可以以事业的成功、财富的多少来定义自己人生的成功，而女人只要家庭不和，膝下无子，那么你活得再精彩、再漂亮别人都会觉得你的人生是凄惨的、不幸的，这就是这个社会对于女性的不公。

我不想去参加任何人的婚礼，甚至屏蔽了所有朋友圈晒娃的朋友……

我很怕很怕自己再这样下去就走上另外一条路了。

然而墨菲定律告诉我们，越怕发生的事，就越会发生。

再次去看精神科医生的时候，诊断报告上鲜红的“轻度抑郁”几个大字，深深刺进我心里，我不敢相信我有一天会跟精神疾病有关系。

医生开的药吃了许久症状也没有得到缓解，最长的时候，已经有两周多没有睡过了。以前一直无法理解那些一遇挫折就选择自杀的人，觉得他们自私到了极点，有勇气死却没有勇气面对挫败，为了一时之快，把痛苦留给了至亲。

但经历了抑郁病理期的人，才知道那种无法感受到喜怒哀乐、对一切事物都不感兴趣、逐渐萌发出的厌世之念，那种沉重的、阴郁的总是让人自责自罪的情绪，因罪恶妄想而拒食、厌食的感觉……非常非常痛苦。

那时候，我真的想过，就此一了百了。

这就是董完了，在没有遇见他之前的董完了的人生。

从明亮走到黑暗，从阳光里走进阴霾，从一个低谷再到另外一个低谷，靠着宗教和哲学那些虚妄的东西来催眠自己。

这个世界，是有爱情的，但是很少。

我也许遇见过，但是我错过了。

然后这辈子，也就这样了。

诚如序言所言。

我已做好了心理准备，而且也决定了要如此生活。

永无尽头，毫无希望，努力独自精彩却又百般寂寞地生活。

Part 2

直到我遇见你

013

他，从海上来

在经历了三段难以释怀的失败婚约后，成为董完了的我，在很长一段时间中都过着难以名状的孤寂生活，感情，感情没有寄托；身躯，身躯无处着落。身边朋友都慢慢成家立业，成双成对，自己却还是形单影只的感觉，就像落单的人被时间这只无形的大手强制推着向前，而前方是悬崖。

悬崖下面，没有人接着我。

在二十五岁过后的每一天，都是朝着悬崖走去。

苦闷，烦躁，失望，还是失望。

也许有人会说人生不止爱情和婚姻啊，生活中还有其他那么多无关情爱的事情，世界上还有那么多精彩的人和事，为什么一定要为爱消得人憔悴？

我又何尝不知道这个道理？我也因此而努力地活着，一步一步做着自己的事业，实现着自己的梦想，到处去旅游，到处报兴趣班学习，努力把自己活得既精彩又充实。可是有关这些事情的每一次的惊喜，每一次的挫折，每一次的千辛万苦，每一次的如愿以偿，我的心里都好像少了一点什么。

少了一个人，一起分享。

朋友和家人分享完后，我还需要一个人，一个我爱他，他也爱我的人，与我一起分享这些伤心与高兴的心情，分享这个精彩的世界。

一个人的样子，很落寞，好像是自言自语地生活着，心里一直有一个人在和自己对话，身处在再喧闹的环境，心内都是寂静的，只有自己和自己对话的声音。

就好像，你兴奋地指着前方说你看前方多美，结果一转头，身边却没有一个人。家人是家人的感情，朋友是朋友的友谊，相爱的人带来的是精神支撑，和他们是完全不一样的。那个时候的我，才开始体会“爱能让生命完整”这句话的意义。

忙于事业的奔波和看似精彩却终日越发沉默的单身生活，加之不愿被人问起自己的感情生活，所以已经记不清有多久没参加朋友的聚会和社交了。

终于有一天，在感觉自己已经要独处到发霉，灵魂寂寞到无处可宣泄的边际时，一个要好的闺蜜突然约我聚会。起因很简单，她当时正在和一个男生接触中，想叫我一同陪她去观察下这个男生如何，所以组织了一个朋友的聚会。

不知道是对太久没有聚会的怀念，还是老天爷安排的命中注定，我毫不犹豫地答应了这一次邀请，并且还化了一个精致妖艳的妆容，搭配了一身好看的衣服，简单盘了个丸子头，收拾了一下就去赴宴了。

那天的饭局来了很多人，有认识的人，也有不认识的人，朋友约朋友，朋友又约朋友的朋友，渐渐地，餐桌就坐得满满当当，男男女女坐了两排，每个女生对面都坐了个男士，好像是精心安排的联谊活动一样。

不知道是因为单身太久的不适应，还是一些逃避与不自信的心情在作祟，我默默地选了一个对面没人的偏远位置坐下，因为真的没有心情跟任何人聊天、搭讪、应酬。

闺蜜和她的“绯闻男友”聊得十分尽兴，我在旁边呆滞地放着空，上的菜也没有什么胃口吃，正无聊地玩弄着盘里的刀叉。

就在这时候“绯闻男友”突然说他有个好朋友正好在楼上吃饭，吃完要下来找他。

当时，我也就这么听着，心想他这个朋友只有坐我对面了，抬眼看着这个热闹的饭局，吃饭谈笑的男男女女，觉得自己竟然有点儿融不进去。

正在灵魂自言自语放空的时候，突然在视野里出现了一个高高大大的影子。

从门口径直走进来，在闺蜜“绯闻男友”的招呼下，走到我的对面坐下。我眼里的他从远到近，直到这个人坐下后良久，他的轮廓才开始渐渐地清晰起来。

眼前这个人，高高的眉骨，深邃的眼窝，笔挺的鼻梁，尖尖的下巴，一口洁白整齐的牙齿，笑起来像极了牙膏广告里的男主角，那笑容，好像是冰天雪地里面的篝火，大海银滩上的阳光。

有没有一种笑，可以让人的心中刹那间开出花朵。

我可以很肯定，确定，以及一定，那种自言自语的灵魂对话的寂寥感在看见他的那一瞬间都烟消云散了。

灯亮了。

喧嚣声回来了。

旁人都在你闹我笑。

我感受到这个世界正在纷纷扰扰，然后我眼中只有对面那个人。

他是谁？

这个问题迅速出现在我的脑海中。

然后下一秒，我就得到了答案。

“Hi，我系 Lawrence，nice to meet you.”那个人，他说话了！

对于他的口音，我愣了一下，然后马上模仿他说话的样子，回道，“Hi，我系董哥，我的英文名叫韩梅梅。”

他也愣了一下，眼睛眯了起来，眼梢弯出了一丝笑意，笑意随着眼梢，蔓延到了嘴角的轮廓，一瞬间满脸都是笑了，深深地看了我一眼。

被他这样看着，我竟然觉得自己脸上有些发烧，不由自主地垂下眼帘。

耳边听着旁人补充介绍：“这是我的好兄弟，也是刚从英国回来的，在成都工作。”

哦，原来，是他。

世界从黑白到多彩，从无声到喧闹，从黑夜到艳阳，原来只需一眼。

014

一只乱撞的老鹿

我以为我心里的那只小鹿早都已经变成老鹿死了好吗！就算没死也蹦跶不起来了好吗！容我仰天大笑三声，感谢老天爷，竟然给了它一次返老还童的机会！

一见钟情啊！

我曾以为人越大越成熟稳重了，就越难以一见钟情，因为考虑的会越来越多，就像长辈有曰：人好看能当饭吃吗？

在供奉这条经验主义多年之后，我终于确定了。

人好看，不仅能当饭吃，还能复活一只年事已高的老鹿。

活蹦乱跳的老鹿，好像焕然新生一般，带着重新迅猛长出的鹿角开始一次又一次撞着我的心口。

他戴着一副颇有设计感的无框眼镜，穿着精致的西服，领口的白衬衣熨得平平整整，领带打得十分精致，花色也很别致，袖口的袖扣上有个 L，应该是他的名字首字母定制。大家都知道西服这种东西，很微妙的，穿得不好或不按章法来穿，容易变成卖保险的……而这个人，是我见过把西服穿得最讲究、最整洁的人。

老鹿撞了一下。

“怎么了？饭不好吃吗”他突然开口问我。

“啊？什……什么？”我还沉浸在打量他的欢喜中，一开口，发现自己竟然有点儿结巴起来。

“我看你都没怎么吃，还剩了这么多，是不好吃吗？”

“没，没有啊……哦，就是牛扒有点儿老，切不动……”

“可能是煎过头了，我能看看你的刀吗？”

我一脸茫然地把刀递给他，看他低头研究我的刀。

垂下的眼帘，睫毛真长，认真研究刀具的呆样，竟看出了几分可爱。

老鹿又撞了一下。

“刀钝了，换一把吧。服务员，麻烦帮这位小姐换一把新的牛扒刀，这把已经钝了，不好切了，谢谢您。”拿到新的牛扒刀后，他用面前干净的餐布包住刀刃位置，把刀反转一个方向，然后递给我刀柄，笑说：“来，试试这把刀。快吃吧，不然冷了再吃会对胃不好。”

我整个一脸受宠若惊状，连忙拿着刀埋头开始乖乖地切分然后塞进自己嘴里，其实那时候牛扒已经冷了，但我还是吃得很卖力，再次抬头看他眼睛的时候，又正好与他的眼神对撞，我的脸立即涨得通红，红到自己都能感觉脸上发烫……

老鹿不停地撞，撞得我好像这二十多年都白活了，恋爱也白谈了。撞得我好像重新变回了那个十几岁情窦初开的女孩。

遇见一个人，怎么连话也说不清楚？

“请问，这里可以抽烟吗？”他突然又问我

“啊，不，不，不介意。”我紧张地吞吐道。

“我是问，这里，这家餐厅可以吸烟吗？”

“我……我我不介意，你……你抽吧。”我感觉自己再要继续说下去，可能会紧张地把刚刚扒拉进肚里的牛扒又吐出来。

“我的意思是这家餐厅有没有不能吸烟的规定？因为我看

到这里好像很多餐厅里都有人吸烟。”

原来，他在介意餐厅里抽烟的人。

我的天，我丢死个人了……紧张就紧张，还偏偏要紧张到让他看到……

后面我假装跟周围人聊天，尽量不去和他眼神对视，尽量掩饰内心的慌张，努力给自己心里那只老鹿打镇静剂。

很快，饭局就临近尾声，我心中有点遗憾，真想继续和他待在一起，偷看他，不经意和他搭话，从言谈中去猜想他是一个怎么样的人。

他来的时候，直到坐下我才看清他，直到快要离开，他站起来的时候，我才发现，天啊他好高啊！

目测也得有个 185 厘米，187 厘米的样子。

我仰着头看他，心里的那只老鹿脱缰了呀！我觉得自己的心在那一瞬间要被撞成渣，飞到天上，炸成烟花。

015

沉默的微信头像

饭局结束以后，一群年轻人开始商量要不要去继续玩，唱KTV，大家挨着互相询问意见，问到我的时候，我嘴里说我无所谓啊，看大家决定呀，一脸云淡风轻随大流的样子，但是其实内心想就是去！去！去！去！去！大家快说去！快说去！

简直恨不得自己掏钱，请大家一起去玩呀！

当问到他时，他说好啊，反正今天周末，也没别的事。

Yes!

在我的心中，我已经一蹦三尺高，开心到跳起了舞蹈，可是我表面还是装作没事儿的样子，甚至因为他和我之间的身高差距太多，让我有些担心他会介意我太矮了，于是不自信地刻意与他保持距离，他坐这边，我就要坐那边，他站起来，我就要坐下，他坐下，我便要站起来，仿佛这样才能缓解我的紧张不安，让我觉得舒坦。

在 KTV 里，他唱了几首歌，都是粤语歌，我平时自以为粤语歌唱得是最好的，但是还不知道他祖籍是香港，所以有些惊讶他的粤语歌唱得比我还好，那发音那声线……听得我入迷万分欲罢不能……

反正感觉这东西，很难用科学解释。只要你喜欢一个人，不管他做什么都是最好的。

一边装作若无其事地看着别人玩游戏，一边听着他的歌心思荡漾。

年轻人玩 KTV 的套路几乎都一样，先一人献唱几首炫炫技，唱得特别好的可以多唱几首，唱得不好的就在旁边摇摇骰子玩玩游戏。

虽然我心里一直想着怎么接近他，可是我一直坐得离他很远，正在我冥思苦想要如何和他搭话的时候，没想到他居然拿起骰盅走到我面前，说，我们来玩游戏吧。

玩的什么游戏，我都忘记，只记得我们玩十次，他输了九次，唯一一次赢了，是因为我怕他一直输，就不和我玩了，于是故意输他一局。

后来结束的时候，我和几个朋友同时去卫生间，男女分布在左右两侧，中间有个休息大厅，等我出来的时候，其他的男性朋友都走光了，但是没想到他居然站在大厅等我们，然后我们一起走出 KTV，路上并没有过多言语，只是相互点点头会意地笑一笑，说来奇怪，他只是站在我旁边，却分明感觉到有一种强大的气流，让我觉得很安全很安全。

我们一起站在门口打车，在等车的时候，朋友之间相互在留微信，偷偷看他，一直稳如泰山地站在一边，我心里一直忐忑默念，仿佛像是念着咒语一样“快加我呀，快加我呀，快来加我呀”，结果眼看车都要到了，他还是没来主动加我，最后千钧一发之际我实在忍不住了！

有些机会，有些人，如果此时此刻不抓住，就是错过。

我快步一跃，装得特别淡定地把手机伸到他眼皮下，头也不抬，低声且语速极快，含混不清地说道：“来，我也加一个你。”

他仿佛也不惊讶，很有礼貌地拿出手机和我互加了好友，扫了以后他看着手机，看着屏幕念道：

“dong-wan-niao 哈哈，Interesting!”

搞到联系方式后，回家以后的我兴奋得不得了，要知道要想快速全方位地了解一个人的生活、爱好、性格以及审美情趣、文化层次和交际圈、家庭氛围，翻翻朋友圈，都能给你一个大致的答案。

于是我马上翻遍了他所有的朋友圈，他的朋友圈内容很少，最旧一条也就是一年前，应该是刚到中国内地才开始玩微信的时候。

可翻完之后就有点儿失落，因为这个人的生活实在是离我太远了。朋友圈里的这个人，不是在跟英国皇室的人打交道就是在接受 BBC 的采访，且全篇没有一个中文字，基本是工作信息，没有太多私生活的内容。

其实在当今这个套路满满的社会，各式各类各种派系的故作高深我见多了，每个人的“朋友圈华丽人生”背后都隐藏着各自苦心营造的生活状态。

可像他这样没有鸡汤没有帮转没有自拍完全摸不到底的朋友圈，还真没见过……

一时之间我有点儿乱了方寸，于是求救闺蜜，希望能从她的“绯闻男友”身上打听点什么。

打听一番的结果是：

他祖籍香港，父母很小就移民英国，父亲的爷爷还是奶奶是英国人，所以尽管隔了这么多代，他家三姐妹都还是长得有点“异域风情”。家里三姐妹都在英国长大，是典型的 BBC。

他大学毕业后在伦敦一家世界五百强企业任高管，可能受家里世代经商的影响，心中一直有个创业梦，后来决定自己下海，与姐姐一同创办了现在的普雷蒂斯教育咨询公司，总部在伦敦。

为了开辟中国市场，两年前他只身一人来到中国，在对比了上海、广州、深圳等城市后，他决定留在成都，在成都开办分公司。

关于为什么选择成都的问题，在我们恋爱很久以后，我曾专门问过他。他给的答案很奇葩，他说他小时候特别喜欢看《三国演义》的小说，特别崇拜巴蜀文化。后来第一次来成都，父母的朋友带他去了武侯祠和杜甫草堂，他觉得有一股强大的引力在吸引他，他仿佛回到了几千年前的沙场，后来做了很多前世今生的梦，巴蜀之地让他魂牵梦绕，于是他恍然大悟，缩小分贝悄悄告诉我，他的前世，可能是曹操！

当然我听到的时候整个内心是崩溃的……可是，面对一本正经的他，我又能说什么……

总之就是带着成都给他的某种奇特的感觉，他留在了这里。

朋友说他是一个不可多得的好男人，勤奋努力，又不花天酒地；对兄弟对朋友真诚友善，教养极好，对父母孝顺、对女友也专一，用朋友的话说“长得帅是他最不起眼的一个优点”，如果谁做了他的女朋友真的会非常非常幸福。

他来成都之前在英国有个女朋友，在一起也很多年了，现在情况如何不得而知，很少听他提起，猜想可能因为异国恋的原因，所以已经分手。

他对女孩子的要求特别高，他希望找一个单纯乖巧并且比较“西化”的人，因为他总有一天是要回英国的，考虑到现在还年轻并且以事业为重，所以在三十五岁之前都不会有结婚的打算……

听到这些消息后，我的第一个感觉是，刚刚亮起来的灯又灭了，刚刚喧嚣的世界又开始重归寂静了，刚刚复活的老鹿突然暴毙了。

抛开巨大的成长经历异同不说，光是“单纯乖巧”这一项我就严重不符合。

再者三十五岁之前不考虑结婚这点我也没办法接受，那时候他三十一，我二十八，也就说至少要等四年，才有可能开花结果。

我等不了了，我家里也等不了了，而且我也真的是怕这种长战线的恋爱了，四年后，有多少未知数，我们谁都预料不到……

哦还有，当时朋友还说了一点，他喜欢皮肤很好的女生，当时因为黑白颠倒、长期失眠、内分泌失调搞得我满脸是痘……

听完这番“反馈”，我那迅速高涨起来的热情与曙光瞬间崩塌，虽然遇到了“来自星星的他”，但我终究不是千颂伊，电视剧始终是电视剧，我的白日梦在几个小时内，就宣告破灭。

所以，即便加了微信，我也从未主动给他发过一条信息，也未曾给他的朋友圈留过一条言点过一个赞。

当然，他也从未主动联系过我。

有的人就是这样，认识了，便说再见了，再见了就再无交集。

他微信的头像，永远是沉默。

对话框里面的唯一一条信息是……

【对方已经添加你为好友，你们可以开始聊天了。】

016

没有寄出去的明信片

两个月后，我与朋友计划去趟欧洲，动身之前，不知道怎么的，突然想起了他，心思百转千回，终于还是忍不住，于是鼓起勇气给他发了第一条信息：

“Hi，Lawrence，还记得我吗？是这样，我准备去欧洲，想问下你有没有推荐的旅游 APP，我到了可以查查有哪些好玩的地方可以去。”

消息刚发出去，就看见对话框顶部显示“对方正在输入”，心中一阵窃喜，一直盯着屏幕，等待他的回复。

可是等了好几分钟，都没有看见任何回复，顶部的“对方正在输入”也再没出现过，等不到回复的感觉实在是太糟糕了，女生可以在这漫长的等待中，想出一百种他不回复你的原因，然后选择最坏的一种可能，让自己痛不欲生，后悔自己怎么就冲动地发出了这条信息！

可能是他根本不记得我是谁了，又或许他本来想回，可是又怕我以为他对我有意思，为了避免不必要的误会，干脆不回了……

我删除了对话框，然后放下手机，心情低落到想要忘记我给他发过信息这件事，唯有开始靠收拾行李来让自己忙碌起来，以屏蔽这个得不到的回复的失落感。

一边收拾着行李，一边看着墙上的钟表……

十分钟没回……

二十分钟没回……

二十五钟没回……

三十分钟的时候！手机突然响了！

我会永远记得这三十分钟的等待，因为它漫长得好像三十天一样。

当听到手机响起时，我立即冲过去划开手机，真的是他！!!

他不仅回复了我！而且还回复了我好长一段，当然全是英文，大概内容是：“Hi，***，好久不见！我帮你找了几个我常用的 APP，都很好用，你要去哪些国家？如果去法国和英国我有很多亲戚在那边，你如果需要帮助，可以联系他们。最后祝你玩得开心。”

天啊！！！他居然记得我名字！！！他记得我名字！！！

我激动得快要飞起来，但接下来除了回复“谢谢”以外，也不知道再聊点什么来延续我们之间的话题，生怕说多了他会察觉我喜欢他……

我也知道他的这番回复很可能是出于礼貌，无论谁问他，他都会这样回复。但他能回复我已经很开心了，于是我带着稍微好起来一点的心情，踏上了前往意大利的飞机。

从意大利到法国，一路七八天的旅行，我们又一次再无联系。

在埃菲尔铁塔下看到一对对情侣的时候，我憧憬着，要是有一天我也能跟自己心爱的人手牵手在这里散步、留影，那该有多好。

我脑海里突然闪过一幅画面，那是一袭背影，一个高高大大的男生旁边，站着一个瘦瘦小小的女生，他们的中间，共同牵着一个扎着蝴蝶结的小女孩，而那背影的轮廓，分明是他。

我这人从来没有出门旅行寄明信片的习惯，那一天见朋友在买明信片，回酒店便找她要了一张，左顾虑右寻思，最后还是又鼓起勇气给他发了一条微信：Hi，我到法国了，你国内的地址给我一个吧？

我猜想他肯定会问我要地址干什么，然后我就故弄玄虚让他满怀期待。

可失望的是，这条信息发出去后，再没收到他的回复……

心里终于有想要寄明信片的人了，但却寄不出去，问朋友要的那张明信片，最后又还给了朋友。

我像一只受伤的猫，看见有人喂食，想靠近却又本能地退后，怕被再次伤害，可喂食的人时不时地抛出几粒食物到我面前，我试着吃了一口，尝到了甜味，正准备放下戒备走向喂食者的时候，他却带着食物走开了。

打消一切奢念之后，我承载着此行路上美景、美食的照片和些许遗憾，回到了成都。

也许吧，有些事情和有些人，无法实现就是无法实现，无法得到就是无法得到。

有缘认识，无分相恋。

后面的发展，让我更加确定如此，并决定真的放下。

017

一断，再断

从欧洲回来之后，我又重归一个人的生活，渐渐地把这么一个人放在记忆的空白区，我想，可能我和他，就止步于此吧，不会再说话的微信好友关系。

只是没想到突然有一天闺蜜的“绯闻男友”约她出去聚会，还特意嘱咐，一定叫上我。

也不知他们是商量好还是故意的，当天都准备出门了，朋友突然说身体不舒服去不了，结果我只有一个人前往。

到了那家酒吧，我远远地看了一眼，在人群中，就立刻看到了他，他站在吧台旁边，穿着干净整洁的白衬衣，手上拿着一杯满是冰块的威士忌，在人群当中那么显眼那么闪耀，我顿时紧张得立即掉头去了卫生间，站在镜子面前，看看眉毛有没有画歪，口红有没有花掉，几次深呼吸后，我走进大厅，装作若无其事走到他们面前，挨着向每个人打了招呼，最后目光落到他身上，淡定地说：

“咦，你也在啊？！”

他绅士地帮我拉出了凳子，示意我坐下，然后问我喝点什么，其实我真的特别讨厌喝酒，任何酒都不喜欢喝，但为了给自己壮胆，我还是点了一杯纯的威士忌，一口喝下去，有一种今晚我拼了的感觉。

他看我一饮而尽，抬眉道：“你也喜欢喝纯的呀，我也是。”

反正他说什么我就附和什么，酒精冲击着我的大脑，我晕晕乎乎地点头说是，渐渐地放开后，和他开始聊东聊西。

他说他来中国之后都长胖了，因为晚上没有事情可以做，就老是跟几个朋友在外面吃夜宵，成都好吃的夜宵太多了。

我说不信，你现在也不是很胖，以前还能再瘦到哪儿去，他便给我看了他的回乡证和护照上的照片，照片上的他年轻清秀，轮廓清晰，笑容阳光，这是我现实生活中见过长得最标志的五官。

我撇撇嘴，心中喜欢又口头嫌弃道：“你把赵又廷的照片给我看干吗！”

本来想讲个段子，逗他一笑，可是没想到他一脸迷茫地问了我一句：“造油听，是谁？”

我“噗”一下笑出了声，便顺着他的问题问到中国的明星你都认识哪些了？

他说成龙、刘德华、张学友、Eason、Leo……

我说行行行，二十年前的四大天王是吧？

他也忍不住笑起来，轻轻叹了一口气，问：“你是不是觉得我是老年人？”

我看着他温柔的笑容，人醉心也醉，心里回答他：“我还真想和你一起变成老年人。”可是表面却只能笑着，转移了话题。

“你来成都这两年习惯吗？想不想家人？一个人在异乡寂寞吗？”

“寂寞。”他淡淡地说到自己刚刚来成都的时候，每天跟他说话最多的人是房产中介，因为他要找房子找办公室。办公室找好了又跟装修公司打交道，再慢慢地去招聘第一个员工，慢慢组建团队到现在的几十个员工。每天下班了在这个陌生的城市里，也不知道去哪里才好，所以索性在办公室装了一个休息室，有时候就直接在那里过夜。

他不喜欢回家，因为回家了也是一个人，周末唯一跟他说话聊天的人就是清洁阿姨，连这两年的生日都是自己一个人过。后面慢慢认识了一帮香港老乡，慢慢有了朋友，每天的生活也是很简单，跟朋友吃吃饭喝喝酒。

听到这里我对眼前这个男人除了心疼，就是敬佩。

敬佩的是他只身一人来到这个陌生的城市，什么都没有从零开始，然而，也并不是因为生活所迫，才逼得他背井离乡。

原来，这世界真的有很多为了实现自己人生价值和理想而努力拼搏的人。

他，就是其中一个。

忽然之间，他在我心中构建的完美形象，更加鲜活起来，除了完美外，还多了一点儿人情味。

纵观我遇见的形形色色的人，无论家庭条件好坏与否，都很难有这样破釜沉舟的创业决心，让我敬佩。

而他在这两年独自一人承受的压力、挫折、孤独，让我心疼。

那晚的聊天，是我们认识以来最长最多的一次对话，我对这个喜欢的男人，又多了更深的欣赏和了解。

用直白点的话说，就是已经不行了……

我真的，喜欢到不行了……

全程，我们两个人坐在那里，埋头深聊，周围人已经变成了空气，那么吵那么嘈杂的一个夜店，安静得仿佛只有我们两个人……

结束的时候，他提出如果我没开车可以送我回家，我点头说好，可是正准备走的时候他又遇到了另一桌朋友，非要拉他过去聊天叙旧，他说你等我一下可以吗？我打个招呼很快就回来。

我在电梯口等了几分钟，一行的朋友问我怎么还不走？要不要一起走，我实在腼腆，不好意思说明我在等他，就跟着他们一起走了。

之后他发信息问我是否安全到家，我回复是的，我们相互道了晚安，结束了对话。

后来的几天，我每一分每一秒都在看手机，我不知道他是否也跟我一样，在焦急等待对方的消息。

然而一天过去了……

然后一周过去了……

我都没有再收到他的消息。

可是我分明感觉到了他的那些紧张和关心，难道是我自作多情了吗？又或是他就是这种人，与谁都能侃侃而谈，跟我聊天后提出想送我回家只是出于他的礼貌？

以前遇到这种情况我都会直接地问，你情我愿这种事行就行不行拉倒，从来不拖泥带水。

可这一次，我竟然小心翼翼徘徊不前，连给他主动发个信息问问你吃饭了吗，今天过得怎样，这些简单的提问的勇气都没有，带着极度忐忑和不自信，我又一次打消了念头。

记得刚认识他的那一天，是中秋节，我们还聊着各自喜欢吃什么口味的月饼，一转眼，已经是严冬了，街上的人都穿起了羽绒服，披上了围巾，戴上了手套，整座城市变得空旷而冷漠。

几个月前，认识了他，我以为感情路上终于有了转机。

几个月后，我还是我，他还是他。

发过几次信息，见过两次面。

然后，再没有然后……

018

万圣节后的黎明

终于这样要死不活地熬到了年底，各大公司都忙着年终聚会，一个共同朋友的生日正好撞到万圣节，大家都在准备 Cosplay 的造型，本来是留了一套白雪公主的衣服给我，可此时此刻，“公主”这两个字对我显得格外的讽刺，公主享受着全宇宙的爱意和拥戴，而我，只是被全世界遗弃的灰姑娘……

于是我顺手跟旁边的人一换，扮了个沙僧。

那晚，我一直在猜他到底会不会来，可是眼看都过了十一点，他始终没有出现，我也没有勇气去询问朋友，找共同的朋友打听，因为觉得就算来了，然后，也不会有然后。

如同我们第一次加微信，如同我们第一次联系，如同我们第一次在酒吧玩了以后。

虽然很开心，然后，也不会有然后。

这种没有结果的开心，我到底是图什么？难道不是开心之后，更加空虚和落寞？

算了，还是认命吧……

眼看快到十二点了，我准备等大家切完蛋糕就回家了，这时候门突然开了，进来了一个高高大大的唐僧……

没想到……

居然是他！

我发誓我不知道他要扮唐僧，他一进门我们就愣住了，相互对视了一阵，一个唐僧一个沙僧，朋友起哄说你们师徒二人唱首歌吧，哈哈哈哈，于是他就真的去点了一首《你最珍贵》，然后略带腼腆地把话筒递到我面前，问道：

“这首歌，可以吗？”

我点头，于是我们合唱了我们的第一首歌……

那晚我明显感觉到他主动了很多，结束的时候他又提出送我，我坐在他车上，一路聊天畅谈，感觉有说不完的话，很快就到家门口了。

我说到了，就这里。

他突然语速加快说你急着回家吗？不急的话再陪我聊聊可以吗？

谁都猜不到，这一聊，便整整聊了一个通宵……

我们天南地北地聊，聊梦想聊人生、聊彼此的成长经历。他给我看他爸妈的照片、他哥哥姐姐的照片，说他姐姐从小怎么欺负他，长大了又怎么保护他。聊他从小在英国的奇闻趣事和到中国以后的坎坷心酸。

我给他看我小时候的照片，跟他讲我小时候调皮捣蛋，像个男孩一样跟男生打架被老师请家长的故事……

两个人哈哈大笑，相谈甚欢。

好像要用一晚上的时间，把自己过去所有的事都一股脑儿说出来。

跟他在一起的时间过得特别快特别快，没过多久天就亮了，但我们丝毫没有一丝困意，街上的环卫工人已经开始为城市“美容”了，卖豆浆油条的小贩也开始摆好摊准备吆喝了，整座城市生机勃勃。

看了看表，已经早上七点了。

天亮了。

019

三个通宵的我们

他去 7-Eleven 买了一杯咖啡给自己，买了一杯豆浆和三明治给我，然后说你快上去睡会儿吧，我要去办公室迎接我崭新的一天了！

回到家，吃完早餐，他发来一条信息：

“谢谢你陪我聊天，昨晚真的特别开心，我到办公室了，你好好睡一觉吧，做个好梦！”

那一觉，我睡得特别香特别香，长久以来压在我心里的那几块大石头感觉被谁搬开了几块，我的梦里也第一次没了恐惧和惊醒，我感受到了久违的开心和舒坦。

下午他又发来信息：

“醒了吗？睡得好吗？晚上如果有空，一起吃晚饭吧。”

我激动地满柜找衣服，把自己打扮得漂漂亮亮地赴约，天哪，这是我们第一次约会啊！

这是恋爱的气息！

此时，冬天已经到了，我心里隐隐有预感，春天，真的快来了？可是转念一想，怕这一次约会后，又会像以前一样，没有了然后。

没想到的是，这一次，我们居然又在我家楼下聊了一个通宵。

吃完饭后，他照常送我回家，车开到小区楼下，由于很珍惜这份来之不易的缘分，所以也没贸然邀请他上楼，看得出他也很谨慎、很怕冒犯到我，所以也没有提过要上楼坐坐，可谁都不想就此说再见，争分夺秒要在一起，恨不得一夜白头，大抵如此。

于是我们又坐在车上，就着路灯和夜色，一直聊，聊到了第二天，天明。

就这样，我在他车上，聊了整整三个通宵。

最后一个晚上，我们的话题终于有所升华。

我们开始聊到彼此的情感经历，他告诉我他一共交过六个女朋友，这六个女朋友都互不相同没有任何共同点，有一个甚至在一起了七年，见过双方父母也是连酒店都订了，但最后因为种种阴差阳错，两个人还是取消了婚礼。

我认真地听他讲述着他的六个前任从怎么认识到怎么结束，听完后我目瞪口呆，有点儿分不清他讲的是他的故事还是我的故事。

因为我们的经历，怎么可以这么相似……

心中没来由的冲动和毫无保留的信任，我把自己这几年的经历和遭遇向他全盘托出，大到事件小到细节，该说的不该说的，全部都说了。

按理说，面对有可能和你发展成恋人的男人，还是有些东西需要保留，因为就算夫妻之间相处，也是有技巧需要经营的。

这些道理我都懂，可不知为什么，在这个男人面前我不需要有秘密、不需要有保留，我可以完全信任他，我把这辈子所有的秘密，连闺蜜和父母都不知道的秘密统统都告诉了眼前这个刚认识了几个月的男人。

我不知道这样做是对还是错，我只知道，说出来，我轻松了好多好多……

也是这三个通宵，我们发现我们身上居然有着这么多相似之处：

相似的感情经历、相似的爱好和审美、相似的家庭背景，他爸爸和我爸爸竟然职业都是一样的。

后来我去帮他搬家，惊奇地发现我们用着同一款电动牙刷、相同牌子相同味道的沐浴露，最神奇的是，我们连左右眼的眼镜度数都一模一样！连散光度数都一样！

这是件非常不可思议的事，我们出生在不同的国家和不同的地域，吃着不同的食物，接受不同的教育长大，但我们竟然有着这么多离奇的相似之处，这真的是科学无法解释的事情……

他第一次去我家，口里一直念“这不可能这不可能……”，他说我家的装修和他在伦敦的家一模一样，我说不信，他便翻照片给我看，看完我惊呆了，电视墙的造型、材质、颜色完全就像是照搬过来的……

他是个非常信轮回的人，他说我们的前世今生，一定有着某种特殊的关系。

所以，这只能用，今生注定来解释了。

第三个通宵之后，同前两晚一样，他直接去办公室上班，我上楼休息，他到了办公室会发一条信息给我说他到了。

结果那天早上，我上楼了许久也没收到他的信息，于是主动问他有没有到，结果还是无音讯，我以为他没电了，就打过去试试，电话是通的，但打了许久也没人接，我开始有种奇怪的、不好的预感。

讲不通啊，他如果看到和听到电话，没道理不回复我啊，除非是电话不在身边，或者是在身边，但他已经没办法接了……他该不会是出什么意外了吧？！

我越想越害怕，马上打110查询刚才成都市内有没有重大车祸，结果打了几个分局都说那晚没有车祸，打到最后一个分局的时候，交警告知刚刚有一起车祸，是外地牌照，人员伤势惨重，现在人在医院抢救。

我当时心就凉了，上帝不会这样整我吧，刚遇到我的缘分，就跟我开这么大一个玩笑，这是在拍韩国电视剧吗？韩国电视剧也不带这么整人的吧！

我吓得连忙穿衣服就往医院跑，结果下楼一眼看见他的车，还停在刚才的位置，我立即跑过去，发现发动机启动着，灯也亮着，他已经在驾驶室内睡熟了……

我这才长舒一口气，赶紧叫醒他，他抱歉地说三天没睡过觉了实在太困了……

从那以后，我们的关系迅速升温，虽然谁都没有明确我们是什么关系，但却像恋人一样每天一起吃饭、逛街、看电影。

后来他说他现在的房子小了，需要换一套大点的房子，这样他父母和姐姐来就都能住下，我当然明白他是什么意思，因为他现在的房子就刚好能住得下父母和姐姐，只是少了我的房间。

记得他去看房的时候发了一张照片给我，说这间房的装修他不是很喜欢，可是还是决定要这套，因为它有个颜色很温暖的墙纸，他能想象到我在里面走来走去的样子，他觉得我会喜欢。

那条信息算是能正式确定我们关系的一个事件吧，他虽然没说“你做我女朋友吧”，可是他邀请我同居了呀，啧啧……

然后我陪他搬家，一起去买了新的厨具和家具。他说他很会做饭，只是一直没有机会做，于是那晚我们在他的新家里，他第一次做饭给我吃，虽然只是坑爹的炸薯条和炸鸡排还有丧心病狂的炸香肠，但却是我吃得最幸福的一顿“爱心晚餐”。

那晚我留在了那里，也是从那晚开始，我们就再也没分开过，一直到现在，到今天。

哦，对了……

从此，他呢，就是我现在的老公，被亲切地称呼为劳胖的那个人。

020

我们结婚吧

我和劳胖正式在一起后的某一天，我亲手做了一个蛋糕和几个简单的家常菜，叫他早些下班。

他回家后看见蛋糕，有些疑惑地问道："今天你过生日吗？"

我说不是我过生日，是你。

"三个月前，我们还没有在一起，所以我错过了你的生日。但是现在，你有了我，我不会再让你一个人过生日。从今往后的每一年，我们都再不要错过彼此的生日。"

劳胖眼睛里面亮亮的，点了点头，搂着我躺在沙发上，两个人一起分享着生日蛋糕，他明明很开心，却又故作嫌弃地吐槽我做的蛋糕怎么又丑又难吃?

我说因为这是我第一次做啊，放心吧！以后我给你做的蛋糕，会更丑和更难吃的。

虽然说着不好吃，可还是一口一口地把蛋糕吃完，嚼着嚼着，他突然有点儿哽咽起来，认真地望着我说：

“现在这样,你有没有一种很奇妙的感觉,就像,就像……”

“初恋？！”

“对！初恋！”

是啊,初恋,我们有多久没有因为喜欢而喜欢过一个人了?又有多久没有发自内心地因为想对一个人好而对一个人好了?社会赋予了爱情太多的附加值，却忽略了爱情最初的样子，那时那刻，我们两个都有一股强烈的冲动，想要大声告诉全世界，我找到了我爱的人的冲动!

于是我和他分别在自己的朋友圈发了一条消息，宣布彼此的存在。

“我也曾把光阴浪费甚至莽撞到视死如归，然后因为爱上你而渴望长命百岁。”

写在朋友圈的这段话，就是我遇见他之后的心情写照，一字不差。这是我的朋友圈在封闭沉静了一年之后，再一次宣布自己的恋情，而这一次，我比任何时候都知道我在干什么。

之前我曾提到过的和 F 君的恋情，因为对 F 君人品的不确定和对未来的恐惧，我从未向任何人提起过 F 君的存在。

而这一次，我无比确信，这是一个对的选择。

接下来的每一天，我们都过得如初恋一般，白天各自工作，晚上一起下班回家、做饭、做家务，吃完饭两个人躺在沙发上看喜欢的电影，然后躺在床上，彻夜长谈，当然不只是彻夜长谈，也会做一点爱做的事。

没有年少时期的轰轰烈烈，也没有青春时代的灯红酒绿，就这样平平淡淡，简简单单，却比以往的每一个时间段都更加充实地活着，每一分每一秒都没有浪费。

这是我从未有过的一种生活状态，安稳平静，稳稳的幸福，大抵如此。

和他在一起以后的半年间，我再也没有出去跟朋友喝过一次酒，也很少参加朋友聚会，我们沉浸在自己的小日子里，特别满足和充实。

偶尔听到劳胖跟他父母通电话，因为当时我完全不懂粤语，所以并不知道他是否已经告诉父母我们在一起的事情。

而我也不敢草率告诉我的家人，关于我的新恋情，在经历了前面三段无疾而终的感情，家中的老人再也经不起任何折腾了。虽然这一次我很确信他是对的人，可是在还没到谈婚论嫁的地步，我是万万不敢让父母知道我恋爱的事情。

虽然我们的感情在持续升温，但有一点是我们两个人共同的敏感区，那就是，结婚。

我一直不敢提任何关于结婚二字的话题，因为我怕触碰到劳胖心里的禁区，我也十分理解他想先稳定事业的想法。其次呢，我的心态也有一些变化，之前心急是为了想快点找个人交差，而当你遇到真正喜欢的人，反而是想慢慢享受这个恋爱的过程，不想那么快转变身份。

这一次我决定顺其自然，命运天注定，不如让命运去安排。

没想到，命运很快就安排了这样的一个契机。

劳胖的一个香港朋友来成都旅游，因为人刚失恋，心情不好，所以想去找大师算算最近运势。我说过劳胖是个精通《易经》和八卦之人，所以他也特别信这些，于是他带上朋友和我一起去了另外一个城市，找一个当地算命很灵验的婆婆。

说来奇怪，当时我们三个是一起走进去的，我坐在他俩中间，我们谁都没说话，那个婆婆一开口就指着我，转头问劳胖：

“她是你谁？你俩什么关系？”

劳胖吓得立即说：“是，是我女朋友。”

婆婆说：“就她了，这盘（这次）对了，我给你看下日子，12 月 23 日，好日子，可以把婚结了，明年再生个猴子，稳当。”

我们两个人都目瞪口呆，因为那一天离我们正式在一起，还不到一个月……

我们一没见过父母，二没想过要如此快地升华成另一种关系，于是我把婆婆的话当成玩笑，笑笑而过，并没有太在意。

谁知道，劳胖却把这些话默默地记在了心里。

几天后的一次饭局上，我们都喝了一点酒。

在回家的路上，坐在车里，眼看就要到家了，他突然把车停在路边，脸色一正，极为严肃地开口道：

“有个事情……我想问问你……”

“你问啊。”

“如果，我是说如果，我现在跟你求婚，你愿意嫁给我吗？”

当他说出这句话的时候，我整个人瞬间懵掉了……

“你……说什么？你是不是……喝多了？”

“我是喝多了，可是我不喝这么多，就根本没有勇气说出来。其实我已经想很久了，从第一天认识你，到最后跟你在一起，我每天都有无数个念头从脑子里闪出来，我想跟你在一起！永远在一起！我看到你在厨房洗碗、在厕所洗脸、在门口取牛奶、趴在鱼缸旁喂鱼……我从来没这么强烈想跟一个人白头偕老。我好想有个家，这家里的女主人，是你！”

劳胖的中文从来没这么快速流利过，可以想象这段话他已经背了多少遍……

“遇见你之后，我真的想结婚了，我在想，我们可不可以，就像那个婆婆说的那样，12 月 23 日，我们结婚吧？”

这份惊喜来得太突然，我没来得及考虑就急忙点头，当我说出“好”这个字的时候，他立刻抱着我，紧紧地抱着我，开口道“终于找到你了”。

他的脑袋深深地埋在我的肩膀上，我知道，他哭了……

我也跟着鼻尖一酸，忍不住开始哭起来。

于是我们两人就这样在车里抱头痛哭……

终于找到你了。

短短一句话，六个字，包含的意思太多了，而这话中包含的所有的感情，我全部都能理解。

正如开篇序言所说，此时此刻在地球上，约有两万人适合当你的人生伴侣，在这两万人中，与你相遇的可能性是千万分之一，相知的可能性是两亿分之一，相爱而又能成为终身伴侣的可能性是五十亿分之一。

我和劳胖都是经历过数段感情却只有遗憾结局的人。

在我遇见他之前，从未想到自己还能有机会，能够嫁给爱情。

而他在没有遇见我之前，也从未有过想要安定下来的想法。

但是现在，我们两个人，无比确定，要和对方共度余生。

漫长又短暂的余生，让我们迫不及待地想要开始这一段旅程。

021

那我们就结婚吧

在车上求婚之后的第二天，我们就驾车回了我父母家。

在开车之前，我才告诉我妈我恋爱了，要带男朋友回来跟他们见见面，我妈问我什么时候的事，我骗她说一起三个多月了，只是现在才告诉你们。我妈立刻流露出担心的神情，说才三个月就急着见家长，要不再缓缓再相处一段时间，等你们感情稳定了，谈婚论嫁了再来？

我说缓不了，来了你就知道了。

也不知道是谁跟我说过的一句话，结婚，是需要冲动的，如果当下你觉得好，那就大胆去做吧，瞻前顾后，无非都是浪费时间和消磨这一份冲动，当然前提是，对方得是对的那一个人。

我和劳胖就这么决定要结婚了，决定以后，就这么马不停蹄地赶往我爸妈家，似乎一刻也不愿耽搁。

等我们下了高速之后，我才想起打电话询问朋友，关于一般男方上门提亲的礼数和讲究。劳胖自小在国外长大，自然也不太清楚，于是在我的指挥下，买了两条中华烟、两瓶五粮液、茶叶和一盒糖（当地习俗），便敲开了我家的大门。

现在回想起来，两个相爱的人，都带着一点儿天真的莽撞和热情，还有我们在一起的一股子火热劲儿。

于是乎，劳胖和我父母的第一次见面，就变成了提亲仪式。

本以为只是我爸妈在，结果推开门，发现屋里已经满满当当站了一堆人，外婆、表哥、表姐全部都在，以前带男朋友回家都没有这么大的阵势，全家人都笑着打量着突然前来拜访的劳胖，热情地接待他。

劳胖那天穿了一件超长款风衣，特别挺拔，精神抖擞，进门那一刻我见我妈的表情，就知道我妈非常满意。

而在吃饭的过程中，他的落落大方和修养礼貌在饭桌上展现得淋漓尽致，我爸毕竟阅人无数，教养和气质这种东西是装不出来的，所以几个小时下来，我爸的脸上也流露出大写的“满意”两个字。

我觉得时机差不多了，便使眼色给劳胖，他便把烟酒拿到我爸面前，说：

“董叔叔，其实这一次来，是有个重要的事想跟您商量。”

这句话一说，我爸脸色立即就变了。我从他脸上看到了担忧、恐惧和一万个不放心。

顿时气氛也变得紧张起来。

我妈立刻打圆场说有什么就直说，这里没外人，有什么事情都可以跟家里人商量。

于是劳胖把我们从认识到恋爱到现在想结婚的事娓娓道来，只有一点说了一个善意的谎言，就是我们实际只在一起一个月，但对他们说已经在一起三个多月了。

说完表哥、表姐都帮我说话，说我一向谨慎，知道自己在干什么，既然这个时候提出了这个想法，说明已经考虑清楚。我妈也表示，虽然突然，但还是尊重我们的意愿，可以理解并支持，唯独我爸，那晚再也没多说过什么。

此时无声胜有声，沉默，也许就是一个父亲最深沉的爱了。

虽然没有得到明确同意，但也算默许了，我们回成都后就开始准备领证的事。这也是我人生第一次还没想过筹备婚礼就愿意和一个人领证。

可是当两人兴致勃勃地赶到民政局一问，却撞了南墙。

因为劳胖持英国护照，外籍人士在中国办理结婚登记比较麻烦，必须出示英国官方出具的单身证明，那时候距离 12 月 23 日只有一周了，怎么都来不及回英国开证明。

可是我们两人已经说好了要在那一天领证结婚，这个执念一直深深地刻在我们心里，如果无法实现，会非常遗憾。于是劳胖想了一个法子，他说老婆你介意文身吗？我说介意，一直觉得文身这种事不是太好，首先身体发肤受之父母，其次我怕痛。而且我也觉得真正有感情的人和事，是放在心里的，不用文在身上，人尽皆知，尤其是爱情。当然是孩子和父母的名字有特殊纪念意义的除外。

劳胖说因为我还没来得及给你准备婚戒，而这一天对我们又有着特殊的意义，虽然民政局没办法让我们在那天成为法律意义上的夫妻，但我们可以用自己的形式让这个日子永远铭记于心。

在他的劝说下，我思考再三，终于同意了。

于是 2014 年 12 月 23 日，我们将这个日子和我们名字的首写字母以罗马文形式分别文在了我们的无名指上，这独一无二、永远无法消除的戒指，同无名指里的血管一起，通往我们的心脏。

不需要法律的认可，不需要盛大的婚礼，我们在这一天结婚了，真正意义上的结为夫妻。以后每一年的 12 月 23 日，都是我们的结婚纪念日。

022

手机里的“商业机密”

有一件事，让我不爽很久了。

我默默地观察了很久，一直忍着没有开口，就是想看劳胖到底能折腾多久？

试问，一个年轻美丽的新婚少妇，每天晚上婀娜多姿地躺着床上，只是为了看自己的老公一边不停地打字玩手机，一边自己抿嘴偷笑？

所有的这一切都预示着……不对！

在这种情况持续了一个多月之后，我终于忍不住开口撒娇道："你拿着手机在写什么？为什么不来我身上写写？"

劳胖一边飞快地打字，一边抬眼看我，满眼笑意："商业机密。"

"商业机密你笑得那么开心干吗！你看着商业机密笑，都不和我笑！一天到晚只知道干事业，把老婆都忘了是吗？"

他挑了挑眉毛，忽然笑意更深了，伸手把手机放一旁，扑过来说："当然不只干事业……"

这几个月，他的中文造诣，在我的调教下，进步神速……

当然，我也不会轻易放过他，他越是不告诉我，我越是要知道！于是在床榻之间，我数次的威逼利诱下，劳胖终于举手投降，告诉了我，他写的商业机密。

原来是记录我们恋爱日常的小日记！

你能想象一个一米八几的汉子，每天窝在床上笑嘻嘻地偷写恋爱日记吗？

那你可以想象一下。

是的，他在写日记，写关于我们的日记，而且每天写这个小日记，从在我家楼下聊通宵那一天开始，我们每一天发生的点点滴滴，他都会花几分钟时间全部记录下来。

我几乎是含着眼泪看完他的日记，第一次站在他的视角去看我们发生的事，有一种从未有过的受宠溺感，那感觉好甜，这世上除了我爸外，竟然还有另外一个男人那么珍惜和我的点点滴滴，每一个瞬间，每一个场景，我说的每一句话，他都一一记下。

这些私人的“商业机密”也是我们两个人共同想要珍藏的美好回忆。

“为什么要背着我悄悄写这些日记，还骗我说是‘商业机密’？”看完日记的我，哭着一边擦鼻涕一边问他。

他搂着我说：“我想，回忆是没有持续性和完整性的，都是一些瞬间的画面和两三件事，时间越久，你越会记得那些令人印象深刻的人和事，可是有关于你的一切，不管大小，不管好坏，一些平常的小事情，我都想记得，在过了很多年以后，我老了也能记得起来，所以趁着这些记忆还鲜活的时候，我就当天都把它们记下来。它们是‘商业机密’呀，不管事业有多好，名和利都不是判断我人生成功的理由，和你一起经营好这一辈子，我们的这个小家庭才是我人生成功的唯一理由。”

那天，我在微博中写道：如果不是偷看到你的日记，我不会相信还能遇到一个会把与我相处的每一天记录下来的人，这一次，没有求婚没有观众，甚至连戒指都来不及买，但我却有永不后悔的决心。

023

劳胖眼中的董完了

通过劳胖手机里的“商业机密”，我发现劳胖是一个很爱观察和注意细节的人。

虽然他在国外出生并长大，但是却从小喜欢研究《易经》和八卦，自认对面相也有一定研究。

总觉得他在吹牛，于是和他玩过很多看人的游戏，给他介绍一个陌生朋友，让他通过面相分析出人物性格，没想到他说的大部分都和本人八九不离十。

后来我问他，我们初次相识那晚，现场还有那么多女生为什么你就偏偏要坐在我对面？他说其实他一进来便看见了我，觉得我很有眼缘，可能因为长相是他喜欢的类型，物种相吸的自然规律迫使他不由自主地走到我身边。

见我坐在角落，一言不发，知道我可能有心事，他便全程仔细地观察着我的一举一动。

他说我心不在焉地玩弄着餐具，桌上的食物都没有吃过，于是就想通过吃饭这件事主动跟我聊天，想打破僵局。

结果却没有料到，我紧紧张张、吞吞吐吐地问东答西，那一刻他觉得我十分可爱，不像那种久经沙场、身经百战的老手，我的忐忑和紧张，让他觉得特别真实。

他见我几次跟服务员说话都很有礼貌，用餐的姿势和餐具的摆放这些细节让他非常有好感。

他唯一担心的是我身材会不会很高大魁梧，因为他喜欢小鸟依人的类型，结果离开时我一站起来他就放心了，哇，这么小这么矮，可爱耶，加十分！

人有时候就是这样，在你眼里觉得是缺点的东西，在喜欢你的人眼里，恰恰是优点。

之后我经常开玩笑问他：

“来你说说，你到底喜欢我什么呀？”

他总会摸着我的头说：

“喜欢你小小只啊~”

但是我还是不甘心，要不停地确认他对我的爱，继续逼问你兄弟不是说你喜欢皮肤好的女生吗？认识我的时候怎么不嫌弃我的痘痘？

没想到他竟说：

“啊？你脸上有痘痘吗？我怎么不知道……”

好吧，原来，我找的是一个瞎子，哈哈。

原来当遇到喜欢的人的时候，会自动屏蔽他的瑕疵，因为他身上其他的光环晃得你根本来不及去挑剔他的缺点。

而两个人合适与否，要看两个人是否能在彼此独立的性格中寻找一种平衡。每个人都有优缺点，倘若你的优点在他眼里最难能可贵，而你的缺点跟优点比起来几乎可以忽略不计，那么你们就是合适的人，反之则不是。

一个在意相貌、身材、脸蛋的人是怎么都不会去欣赏你的内在，纵然你多有内涵、多有才华，你脸上的一颗摆错位置的痣在他眼里有可能都是无法接受的缺点。

劳胖告诉我，那天晚上，在 KTV 玩游戏的时候，他发现我智商惊人，因为我的逻辑很强，反应很快。在与他聊天的三言两语间，他就可以评估出这个女生的文化层次、知识层面及阅历修养等信息。

腹黑的他默默地观察着我：

外形，可爱。

身高，可爱。

性格，可爱。

言行，可爱。

这个女生，喜欢。

可是很快，他却又收敛了心思，因为他并不了解我是什么情况，是否单身。玩游戏时看见有一个男生帮我喝酒，他很敏感地以为他是我的男朋友或是暧昧对象，出于怕冒犯和不礼貌，他并没有贸然、轻易地去表露些什么。

我说你可以啊，以为你是个单纯的老实人，啥也不懂的归国同胞，结果你懂的套路还挺多。

我问他后来呢，既然喜欢我，为什么不主动联系我？

他说因为怕，怕认真，怕失去，也怕没有结果和无疾而终。

作为一个务实的行动派，在认识我的第二天，他就找到了他的兄弟，认真地了解了我的情况。

得知我目前单身，刚受过几次情感挫伤，感情、事业都在经历人生的低谷。由于年龄和家庭压力，迫切想要恋爱结婚。

他先是窃喜，而后立刻又很困惑。

他毕竟是受西方教育长大，崇尚爱情和自由，一段恋爱因为爱情开始固然是好，但以结婚为结果和目的让他觉得如同背负着重担。

再说他并没有想过这么早结婚，对我真心喜欢但不代表可以草率开始，不负责任。

他怕耽误了我，到头来也伤害了我。另外也不明确我是否也对他有好感，所以在诸多顾虑中，他没有主动迈开他的那一步。

但他每天都默默关注着我的朋友圈，每天都会翻无数次朋友圈，看看我在干什么，有很多次都想留言，字都打好了，又删除，退出。

直到有一天突然收到我的信息，我说我要去欧洲，让他推荐 APP。

劳胖说他当时激动得都不知道该怎么办才好，他不会拼音又打不了中文，所以找翻译软件一个字一个字地翻译，但翻译出来好像又读不通，他怕我觉得他中文太烂，所以又干脆换成英文……他说他捣鼓了很久才把那条信息发出来，弄得他满头大汗……

他故意透露给我他有亲戚在英国，说如果我需要帮助可以找他们，其实亲戚指的是他父母，他甚至有冲动想以接待朋友为由借机让他的父母见见我……

有一天晚上，他躺在床上正在翻我的朋友圈，看我走到哪个城市了，突然收到我的信息，问他地址在哪儿，他以为是心有灵犀，立刻回了我的信息，然而我却并没有再回应他，让他失落不已。

现在回想，可能是因为当地网络的原因，我并没有收到他的回复，就这样阴差阳错，两颗遥遥相望想要贴近的心，一张明明有地址却还是没有寄出的明信片。

这也许就是，命运调皮的恶作剧。

第二次在酒吧见面，也是他通过兄弟间接约我，叫我无论如何都要来，当得知我要来的时候，他小激动了一番，但立刻又很紧张生怕我改变主意又不去了……

当我出现在他面前的时候，他确定第一次见面的好感依然还在，并且在一番交谈之后持续升温，他已经有一种强烈地想把我变成他女朋友的欲望。

我说好巧哦，那一次之后，我也有一种强烈地想要把你变成男朋友的欲望。

两个人说得哈哈大笑，又感叹一番中间小心翼翼彼此试探的几个月。

我们有那么多相同的喜好、经历、共同点、审美……然后最巧合的一件事应该是：

我喜欢你……

好巧，我也喜欢你……

024

我想和你做最幼稚的事情

在见过我家里人没多久以后，恰逢劳胖的一个好兄弟结婚，邀请他去台湾参加婚礼。

他说你跟我去吧，我的很多朋友都要到场，我想把你介绍给我所有的朋友。

劳胖的这一帮台湾兄弟都是早年在伦敦大学的同学，当时在英国留学的学生们都喜欢住在外面，他们租的房子正好是劳胖爸爸的酒店，恰好劳胖当时也住在那里，所以几年住下来，他们变成了最好的兄弟。

我这才恍然大悟，为什么刚认识劳胖时总感觉他的普通话有股浓浓的台湾腔，原来他的中文都是台湾人教的。

由于我的赴台签证问题，不能直飞，只能从香港转机，劳胖说正好带我见下香港的兄弟们，于是我们一同登上了前往香港的飞机。

那是我们第一次旅行，跟所有热恋中的情侣一样，任何的第一次都要记录下来。上飞机那一刻，我们在机舱下面留影，并在照片上标注：Our First Flight。

在香港短暂停留的几日，他带我去了迪士尼，而且这竟然是他人生第一次去迪士尼！

劳胖说以前因为觉得迪士尼好幼稚无聊至极，所以都不想去。我问他以前带女朋友去过吗？他说他发誓没有，因为真的想想就无聊……

我说那这次为什么又要带我去啊？

他说不知道，竟然很憧憬跟你一起去这么无聊的地方，我也好看不起自己……我想和你一起去玩那些幼稚的东西……

迪士尼跟想象中的一样人山人海，大多是大人带着小朋友去的，他也好像大人带着小孩一样，牵着我的手，一路排队、买饮料、啃炸鸡，他说我就是他的小朋友，以后等我们有女儿了，他就带着“两个女儿”游遍全世界的迪士尼，当时听来遥远得不着边际的甜言蜜语，如今正坐在计算机前面打字，深夜赶稿子的我，看看不远处在睡梦中的女儿和劳胖，那种感觉真是太奇妙，没想到，竟然一一实现。

诺言成真，这是我能想到最浪漫的事。

我们在迪士尼一起坐云霄飞车，一起骑旋转木马，一起害怕地惊声尖叫，一起开心地举手欢呼……我们做着一切在平日里看起来最幼稚的事，却乐在其中回味无穷。

劳胖端着冰淇淋和薯条向我走来，那一刻，我觉得他像爸爸，他对我的呵护有加让我感觉到了父爱般的温暖和理所当然，可是我分明已经二十八岁了，我的爸爸又怎会给予我如此溺爱般的骄纵呢？

于是我在微博中写道：爸爸，是不会带你去迪士尼的。

2014 年的最后一天，他和朋友带我去流浮山吃了刚打捞上来最地道的海鲜，看到了周星驰电影里才会出现的、现在仍然存在的渔村和最不一样的老香港。我们吃着鲜嫩的虾蟹，举杯畅饮，共祝我们在新的一年各自熠熠生辉。

2015 年 1 月 1 日，元旦，维多利亚港照常燃起跨年的烟花。

这是香港最盛大的一场跨年仪式，一年一次，所有市民都聚集在维多利亚港等着迎接新年的钟声，浓浓的节日气氛让我心中充满了期许，我和劳胖行走在九龙塘的街头，紧紧牵着彼此的手，当钟声敲响那一刻，我们同时转过头对对方说：新年快乐。

新年快乐，我的人生终于翻开了一页新篇章，接下来的道路也许充满欢乐，也许满是荆棘，但我无比憧憬着我的人生，这是一个新开始，无论酸甜苦辣，我都愿意和我身旁的这个男人一起走下去。

一无所知的世界，走下去，才会有惊喜。

我在微博中写道：2015，The New Beginning.

025

台北今日天气晴

时间快进到 2015 年，几天之后我们出发前往台湾。

第一站，台北。朋友的婚礼其实是在台南，但劳胖说既然到了台湾，当然要带我去看看台北，即便他已经去过两次，但还是早早地为我做好了攻略和行程安排。

我们去了西门町过了蓝色圣诞，去了挤得人山人海的饶河夜市，吃了每一处都要排长队的玉子烧、蚝仔煎、炸弹葱油饼、烤杏鲍菇、台湾大香肠，一路挤一路吃，短短的一个巷子竟逛了两个小时才走到尽头。在台湾，几乎每座城市都有夜市。夜市已经不单单只是专属的小吃天地，无论是传统的、新潮的、吃喝玩乐统统都可以在这里找到，这不仅仅是一种文化，一种实惠的消遣，更是一种最为贴心的生活习惯。

第二天一大早，我们租车前往宫崎骏《千与千寻》的原型之地和《那些年》取景地——台北“九份”“十分”。假期人太多，人挤人，但非常有序，一路上遇到的不管是司机还是路人，都热情善良有礼貌，不知道为什么，跟劳胖一起去的每一个地方，总是会特别顺心，好像他去到的地方都会充满阳光，这可能真的跟磁场有关。

到了“十分”，当然要像柯景腾和沈佳宜一样放天灯。我们把愿望写在纸灯上，一人写一面，不让对方看到。写到一半劳胖向我求助：

“我实在不知道有些字怎么写，要不我来念你来帮我写吧？”

我说你写英文不就完了，他说这怎么行，这里的神仙归中国管，写英文他们不会认的！

我哈哈大笑，接过毛笔，“你说吧，我写”。

“愿我和小洵以后生活幸福，快乐美满，无忧无虐！”

“虑！是虑！读 lǜ！不是 nuè啦！”

“哦哦，虑，虑。还有还有，心想事成，家人身体健康……”

我说：“完了吗？这是你的词库里所有能想到的心愿了哇？”

他认真地点点头：“嗯，先这些吧，我想不到其他的词语了。”

我嘲笑他，连个小学生的词汇量都比你大，他嘿嘿地吐着舌头，想要跑过来偷看我写的什么，我用身体遮住，不让他看，其实我当时写下的心愿，是：

愿我能成为他真正的妻子，生一个可爱的女儿；

愿他的事业能有好的发展，在中国有立足之地；

愿我们的家人平安、健康；

愿命运之神庇护我，不要再受伤害；

愿我自己，能从此幸福。

劳胖选了个他觉得“最聚灵气”的妈祖庙门口放飞天灯，我们双手托起写满文字的灯架，等到里面充盈氧气，同时放手，眼望着它载着我们的愿望飘入满天星辰中……

没有灯红酒绿，没有觥筹交错，劳胖安排的行程，居然有一站是去逛通宵营业的诚品书店。

凌晨三点的书店，也许，这是我这辈子做得最文艺的一件事。没想到台湾之行，我们带回的最多的行李，竟然是书。诚品书店堪称台北文化名片，以书之名，行商之道，信义旗舰店倒更像是文具超市，具象地表达混业的理念。

当城市进入午夜，书店就是灯塔。

如果不是因为劳胖，可能我不会有凌晨三点逛书店的体验。好的恋爱和结婚，就是满心欢喜地接受一个人进入你的生命，参与你的生活，给你带来一个更新更大的世界，而你不会觉得有一丝一毫的抗拒和不舒服，而是享受这样一个融合、碰撞、升华的两人新世界。

在几日“两个人的旅行”结束之后，我们一行人南下，继续前往台南参加婚礼。

台湾的婚礼其实相比内地更花样百出，有很多听过没见过和听都没听过的仪式在婚俗仪式中展露。

当时，印象最深的还是整蛊伴郎环节，什么冰桶洗脚人体飞人……那个血腥暴力，劳胖作为兄弟团主力当然是首当其冲，特别是在新娘家门口跳舞，劳胖平日是那么背负偶像包袱的人，没想到他竟然也摆动着极不协调的身体在炎炎烈日下扭了半小时的屁股……

为了兄弟这么努力的劳胖，这么笨拙地跳舞的劳胖，真诚又可爱。

之后的婚宴有一件很有意思的事，就在大家都望着大屏幕上小两口温馨的PPT，正准备感动流泪时，大屏幕上突然弹出了一个中厚的男音：“不是贵！而是高贵！！城南新地标！”

听得我一脸懵圈儿，这是在干吗？是婚庆公司放错视频了吗？

听到旁人说，我才知道，原来是新郎家的地产广告……没想到这样也行？我又仔细看桌上摆的矿泉水瓶盖上都是这个地产项目的广告植入，也是可爱啊……

很久以后，在我的婚礼上，这对台湾夫妻跟我们说，后来他们回放了当时的婚礼视频，发现劳胖是那天一直在帮他们招呼张罗最多的人，是兄弟团里最卖力的那一个。

劳胖对身边的人总是如此真挚，好像他的世界里没有偷奸耍滑，不管做什么都是全力以赴的样子，是我爱他的所有的样子中，最帅的一个样子。

记得那是一个阳光普照的下午，我们在机场与朋友们一一告别。离开前劳胖突然伸手抱我，低头在我耳边轻声说道：

“离开这里，接下来就是我们自己的婚礼了，你没有机会反悔了。董晓洵，你准备好做梁太太了吗？”

我鼻尖一酸，跳起来扑进他怀中，紧紧地搂着，大声说：“好！”

我以为我懂完了这世界，没想到竟然会遇见这样一个意料之外的他。本来似乎已经可以一眼望到尽头的人生，因为他的出现而变得每一天都有新期待，每一天都有新惊喜，每一天都会像那天下午的台北阳光，有风有光，不热不矫，一切都是刚刚好。

026

我的名字，你的姓氏

从台湾参加完婚礼，回到成都后，我们开始筹备属于自己的婚礼。

首先，我们要解决合法领证的问题。

短期内要在国内领证是不可能的了，要想合法，两个选择，要么去英国，要么去香港，因为劳胖也有香港永久居民证。

考虑到时间很赶，所以最后我们选择去香港登记结婚。

这个时候劳胖的爸爸妈妈也得知了我们已经决定结婚的

事，但是他们两个老人家对此情况完全是一头雾水，毕竟几天前才得知儿子谈恋爱了，结果几天后就说要结婚了。

尽管如此，他们还是非常尊重儿子的选择和决定，虽然只是在视频里见过我，对我的一切一无所知，但是他们相信自己儿子的眼光和判断。

当然这和盲目听信和顺从儿子心意的家长是两码事，这是后来与我的公公婆婆朝夕相处之后才了解的，他们的支持信任和高度放任，是源于他们对子女的正确教育和引导，使得他们深信自己的子女再冲动与感性，也不会做出错得有多离谱的事情。

我婆婆是个非常天真烂漫和注重仪式感的人，那时候他们老两口儿还在邮轮上环游世界，得知我们要在香港领证的那一天，他们还没下船，于是婆婆问我们能不能改期，改到等他们在英国下船后专门飞到香港来，因为他们想当见证人。（香港签字领证需要有见证人一同参加并且在结婚证书上签字，一般为父母或最好的朋友）。

就这样，一个月后，我们相聚在香港。

在没看见他爸妈真人之前，我心里还是有些忐忑，对她们的了解也仅来自劳胖的描述，试问天下又有哪个儿子会说自己亲爹妈的不是。但婆媳关系毕竟是世界十大难题之首，没吃过猪肉也见过猪跑了，我也做好了过五关斩六将长期斗智斗勇的准备。

但在真正见到他爸妈之后，我发现我多虑了。

当时我们先到香港，他们的飞机晚几个小时到，我们在家里候着，算着时间准备去接他们，结果过一会儿门铃响了，打开门竟然是拎着大包小包行李的他们！他们说飞机早到了，他们行李太多，想到我们也刚坐了飞机旅途劳累不想麻烦我们专门跑一趟，就自己打车先回来了。

我幻想过无数种与他们见面的画面，甚至连开场白和对白都背好了，没料到却是这样一副场景：

一开门他妈妈就抱住我，在我右脸颊亲了一口，然后开心地摸着我的脸念道："我的心（shēng）抱（pào）（粤语，媳妇的意思），终于看到我的心抱了！！"

虽然我知道亲吻礼只是他们的一种礼节，是件很平常的事。但从小到大除了我妈外，还没有别人的爸爸妈妈这样亲吻过我。说实话我被未来婆婆的这番举动感染到了，本来还以为她会先给我一个下马威，结果她让紧张和不自在的我顿时松了一口气。

第一眼见公公真人，真是满满的 TVB 即视感，林子祥和刘丹合体啊天哪噜……

公公倒是比较稳重和有城府，和蔼友善地跟我打了招呼道了长短，并没有像婆婆那样表现得那么激动和不受控制，但看面相也知道是个讲道理好相处的人，一点都不凶恶霸道。后来才知道公公并不是什么成熟稳重有城府，完全就是一个老顽童。

接着她和公公打开地上大大小小的行李箱，一大半装的竟然都是带给我和我爸妈的礼物。于是在之后每一次久别重逢，都会有开箱派礼物环节，也变成了我们家的惯例习俗。

临近签字前两天，我爸妈抵港，谁也没想到，双方家长第一次见面竟然就是来当我们合法结为夫妻的见证人。

在饭桌上双方家长进行了严肃庄重并温馨和谐的谈话，公公的普通话不好，我妈也一口川普，但是没想到他们沟通全无障碍，我爸跟公公聊着他们年轻时的辉煌成就，我妈跟婆婆聊着家长里短怎么带大我们的小趣事，一个小时下来整个饭桌欢声笑语气氛嗨到极点。完全没想到他们四个人之间居然会有这么多共同话题……

劳胖说："爸、妈，我们合张影吧，纪念我们第一次见面，后天我们就要正式成为一家人了！"

我爸说："小梁啊你厉害啊，第一次见我叫我叔叔，第二次见我就叫我爸了！”

虽然是闪婚，杀了所有人一个措手不及，可是该走的礼数和规矩一个也没落下。

正式签字的前一天，按照香港的习俗，新郎和新娘要分开住，我和爸妈住在酒店。

那天晚上，劳胖和男方家属拿着彩礼来我们住处行大礼，行大礼的彩礼非常讲究，礼品数量要成偶数，寓意成双成对，还有必不可少的“礼饼”，且必须有两对龙凤饼，一对娘家留下，一对回敬给男家，最后新郎新娘一起给父母献茶，正式拜见岳父岳母。

第二天起了一个大早，我们各自在家里精心梳妆，当时的心情激动得不亚于办婚礼。

同内地领证的程序不同，受英国殖民文化的影响，香港的签字仪式比较隆重和正式，几乎所有的亲属都要正装出席，来见证这个神圣的时刻。所以我们穿上事先准备好的礼服，劳胖像接亲一样跟兄弟们一起来酒店接到我，一同前往婚姻登记处。

那天是一个难得的黄道吉日，有好多对新人都在签字登记，刚到的时候大厅里还没什么人，可是不一会儿，大厅就被劳胖家浩浩荡荡的亲友团占领了。

那是我第一次见到他的所有亲属们，他们挨个过来拥抱我、亲吻我、祝福我，那种仪式感和亲切感是前所未有的。

当轮到我们登记的时候，所有人移步到宣誓礼堂，双方父母分别以新郎新娘见证人的身份入座于签字席上。之后婚姻注册官便会入场，全场高度安静鸦雀无声，一种浓郁的庄重感瞬时而生，她拿着宣誓书向我们宣读道：

“在你们两位结为夫妇之前，本人在职责上要向你们声明，在本婚姻注册处举行的婚礼，乃是庄严而有约束力的婚礼，在法律上是一男一女自愿终身结合，不容别人介入。因此，现在你们在本人之前当众举行婚礼，虽然没有宗教仪式举行，但你们在本人及在场众人之前签名为证后，便成为一对合法夫妻。”

接着婚姻注册官向我们示意，双方可以开始宣读结婚誓词了。

“我请在场各人见证，我(新郎姓名)愿意娶你(新娘姓名)为我合法妻子。我愿对你承诺，从今天开始，无论是顺境或逆境，富有或贫穷，健康或疾病，我将永远爱你、珍惜你直到地老天荒。我承诺我将对你永远忠实。”

一字一句，铿锵有力，字正腔圆，清晰而庄重。这短短的几十个字，道出了多少的来之不易和珍重，只有我们自己心里知道。

他念誓词的样子，我想，可能是我这辈子，永远都会铭记在脑海中的一幕。

至此，我们两个人不分彼此，紧紧地拥抱在一起，共生死共进退，一起接受此后人生中的暴风骤雨，一起沐浴温暖阳光。

誓词还没念完，我早已泣不成声，我始终认为生命是需要一种仪式感的，婚姻更是需要这样的仪式感。

爱情里的仪式感是什么？是你在这场感情里投入的心思、精力和努力的表现形式。不穿上洁白的婚纱，不当众一字一句念出这样的誓言，又怎能照见彼此心里的十分郑重和万分珍惜？

我想，我们对于这段婚姻的付出与努力，值得我们这样庄重地对待自己。

而后我们交换戒指，双方家长或证婚人及新郎新娘均会在结婚证书上签字。礼成后，婚姻注册官将证书交予我们。

在场的所有人起立鼓掌欢呼，他的家人过来拥抱我的父母，用蹩脚的普通话一句句重复着“欢迎加入我们的大家庭”。

婆婆把我紧紧地搂入怀中，深深地亲吻我的脸颊：

“今天我多了一个女儿，真好，从今以后你们要相亲相爱，像我和爸爸这样！妈妈祝你们幸福！”

我和劳胖几经周折，终于成为受法律保护的合法夫妻。

以我之名，冠你之姓。

始于此时，终于归尘。

027

一个大家庭的春节日常

领证登记以后没多久，转眼就临近春节，这是我嫁入梁家的第一个新年。

因为公公婆婆已经有好几十年没有回中国过新年了，加之这次专门为了我和劳胖的结婚注册登记而来，所以在与父母商量后，我决定留下来和劳胖一起陪伴公婆过年，而我爸妈则回成都张罗家里的老老小小。

那个春节，是我长这么大第一次真正意义上离开家，跟一个新的大家庭一起过年。

好在他家与我家氛围太像，每天都几十号人一起吃吃喝喝，所以我并没有感到太多的不习惯。只是大年三十晚上竟然没有人看春晚，让我觉得自己好像过了一个假年……

我的公公呢，一开始以为是一个成熟稳重的老爷子，结果在新年里的朝夕相处后，才知道他原来是个老顽童，酷爱唱歌跳舞，自己在家里装了全套音响和点歌系统，每天都在客厅唱唱跳跳，只要没人拦着他，他可以全天候无休息唱跳一整天……

且跟我混熟了以后，公公更加释放天性，唱起歌来在客厅里扭屁股扭腰，是一个十足的小老头。

劳胖的姐姐和姐夫也是典型的性格活跃的老外，成天活泼搞怪，跟我这种骨子里有神经病基因的人一拍即合，成天嘻嘻哈哈好不乐呵。

整个大家庭，看起来唯一一个融合不进去的人，仿佛只有劳胖，他放不下自己偶像包袱，所以只能正襟危坐在一旁痴痴地看着我们笑……

一个人坚强地宠溺着这一大家子的活泼儿童和神经病。

也是从这个春节开始，我感受到了婆婆待我如亲女儿般的疼爱。

几天的暴饮暴食和疯玩下来，我终于生病了，发了一场高烧，紧接着上吐下泻，几天下来整个人就萎靡了，全身肌肉疼痛地下不了床。

婆婆就给我熬白粥，然后端上楼来坐在我床边一口一口地喂我，见我吃不下，就问我是不是不习惯这么清淡的口味，我点头说是。

婆婆犹疑了一下，便说他们不让你吃辣的，你先等着，我去给你偷点儿辣椒上来，于是她下楼悄悄把泡菜坛子里的泡山椒一个个选出来，藏在粥下面端上来给我，得意地小声说："吃吧，不过你还是要少吃点，不要让他们发现了哦。"

在他乡过的第一个新年，虽然是第一次没有和爸爸妈妈一起过年，也是第一次度过了一个没有看春晚的新年，但是因为劳胖这个可爱又有趣的和乐大家庭，却是我过得最有意义的一个新年。

仿佛是在诉说着，我的全新生活已经上线。

值得一提的是香港的新年，对于传统习俗的保留和坚持，劳胖家里坚持吃团年饭要一家人齐齐整整，团团圆圆，一个人也不能少，而且还特别讲究菜式。

团年饭特别看重"好意头"，菜式就代表着深深的寓意和祝福。

比如，得有鱼（象征“年年有余”）；

有蚝狮（音取“好事”“好市”）；

有发菜、生菜（音取“发财”“生财”）；

有凤爪扒金钱（即鸡脚冬菇，寓意“招财进宝”）；

有慈菇（寓意“以后添丁”）；

有芹菜（勤力）；

有葱蒜（代表“聪明”）；

有猪手（粤语与就手音近，通常与发菜一起弄，寓意“发财就收”，但现在不能非法采摘发菜，多用生菜代替，寓意“生财就收”）。

当时看着一大桌子各有寓意的菜，公公婆婆，还有劳胖都不停地给我介绍这个菜代表什么寓意，那个菜又是什么意思，感受到了香港人对这种传统的信念和坚持，觉得十分有趣。

新年里面还有一项重要的活动——逛花市，老广州叫“花街”，粤语说“唔行花街唔算过年”，就是说不逛花市不算过年。

每年的春节前几天（往往是春节前五六天吧，有些地方是三天）花市就开始了，街道两边都摆满了各种花，有水仙、百合、桃花、玫瑰、菊花、杜鹃、盆景、柑、橘……花市一直摆到除夕午夜。

香港的花街最旺的那一天，就是大年三十晚上。逛花市，行花街，然后买些花、柑（与金谐音）、橘（与吉谐音）回家过春节是每年必不可少的，把万紫千红带回家中，寓意一年花开富贵，万紫千红，大吉大利。摆在家中的柑或橘都要挂上红红的利是封。

新年派“利是”是香港人的惯常做法。

“利是”又称“利事”，取其大吉大利、好运到来之意。不过跟我们发“压岁钱”不一样，在香港，从拥有亿万的富豪到一般市民，派出的“利是”大都是十或二十港元，多者不超过五十港元。

香港人过年派“利是”，目的是花钱花得开心。“利是”派出去的时候，一定要见到笑脸，这封利是就像捡回了一个欢乐，双方都兴高采烈。于是大年初一早上我们就拿着利是挨家挨户串门，见人就说“恭喜发财，利是逗来”，因为姐夫也是第一次来中国体验中国新年，我们俩兴奋地抢了一大堆红包回来嘚瑟。

初五过后，我们便同公公婆婆一起回到成都，与我爸妈团聚。这也是我公公婆婆第一次接触我的家人，两家人都相处得其乐融融，好像已经认识了很久一样。

我爸知道公公爱唱歌，于是便带他去 KTV 唱歌，两个老小孩在 KTV 里飙歌斗舞一决高下，我爸不亦乐乎，我公公乐不思蜀，两个人玩得差点儿就要组成老虎队出道了。

这次会面，两家人除了见面叙旧，更重要的是把我们关于成都与香港两地婚礼的事宜商榷定夺下来，结果一商量，又发现一个既无奈又幸福的事实：

接下来的这一年里，我们不是在结婚，就是在结婚的路上……

首先第一场婚礼，会在成都举行，然后接着去英国办答谢宴，宴请英国的朋友（公公婆婆的主要社会关系网和朋友都在英国），最后就是十二月回香港办香港的婚礼，答谢香港亲友。

期间婆婆提了一个小小要求，说香港的婚礼能不能改在 12 月 18 日，我们都好奇地问为什么，她脸一红低头害羞地说：

“那天也是我和爹地的结婚纪念日……”

028
The First Look

中国人的婚礼，可不是一件简单的事，需要照顾到方方面面，因为除了见证新人间的爱情之外还有个更重要的功能，就是给父母的社会关系一个完美的交代。而且只有自己亲自筹备过，才知道原来筹备婚礼这么烦琐，选婚纱、订酒店、看场地、拍婚纱照、找婚庆、做方案……

这些烦琐而细致的事情虽说是每对新人都要经历的，但也并非每个人都可以协调得恰到好处让每个人都满意，我甚至见过原本好好的两个人就因为在置办婚礼的过程中意见有出入而闹得沸沸扬扬最后取消婚约分道扬镳的，甚至领了证因为婚礼协调不好翻脸离婚的都有……

还有人说，考验两个人能不能结婚，那一起出去旅游一次就够了，检验两个家庭日后是否能够和谐相处，办一场婚礼就知道了。

两个人如果“三观”不合、审美不同，那么在婚纱选什么款式、婚礼要什么主题等问题上，事无大小都会有很多分歧。虽说大多数男人都是抱着“你说了算你定就好”的态度“不作为”地对待自己的婚礼，可是别忘了这是两个家庭共同的事，平时再通情达理的人在这一生一次的仪式上都会有自己的想法和主见，而且最后大多都会上纲上线，结果无法妥协和将就，毕竟每个家庭都有自己的价值体系，每个人都有自己的喜好，问题的关键，是不是“三观”相近的两个家庭和能否在诸多差异中，求同存异寻找出一个平衡点。

而我，也正是通过这几次婚礼的筹备，再一次确信了劳胖，还有劳胖的家庭，都是我这一生最正确的选择。

成都、英国和香港的这三场婚礼，都是我和劳胖一起商量沟通做下来的。

虽然我不是处女座，但对待我自己的婚礼却是绝对的完美主义和强迫症，我要把心中积攒了这么多年的小梦想和愿景都植入我这一生一次的婚礼当中，所以我费了很多心思，光是婚庆公司的前期沟通，就用了三个月。

劳胖也跟着我前后上下忙碌，他说婚礼也是他的一个梦，所以每次跟婚庆公司沟通方案的时候他都会专程从香港飞回来，小到灯光的颜色、T 台的镜面布，大到预算成本、内容环节，他都有自己的建议和想法，唯一他绝对坚持的一项就是——菜品。他强烈要求菜品的配置让他来定。因为相比起婚宴豪华的场地布置，广东人更在意吃得好不好，一场婚礼办得体面与否，来宾在餐桌上对于菜品的反馈很重要，至于其他的婚礼主题、现场风格、颜色装饰、道具定制通通都是我说了算，只用满足一个原则：我喜欢就好。

所以本着大框架他定夺，其余所有的喜好选择都我说了算的原则，我们的婚礼筹备进展得很快。

我不是一个脾气好又温顺的人，换做以前连吃碗面点个什么臊子都要跟男朋友大吵一架的我，这一次，竟然和劳胖一句争执都没有过。

更不可思议的是，从结婚直到现在，我们结婚快三年了，竟然没有吵过一次架，红过一次脸。以前看到这种一辈子不吵架不红脸的爱情故事，总觉得是一个童话，暗自揣测他们肯定爱得不深，现在遇见了劳胖以后，这种看起来像童话一样的婚姻，我触手可及，从伸手到得到，不过一辈子而已，原来不会吵架的婚姻，真的还有一种可能，那就是爱得很深。

虽然整个婚礼筹备，劳胖全程陪同着我，但有一件事，他却从头到尾都没有参与过，那就是选婚纱。

在西方有一个传统，新人在婚礼前是不拍婚纱照的，这是因为他们对婚纱充满了神圣感，认为只有婚礼的当天才是穿婚纱的“正日子”，为了拍照而提前披上婚纱是不可思议的。

另外，西方一直流传着一种说法，认为如果男方在婚前看到其未婚妻的婚纱，将给婚姻带来不幸。新娘自然也只有等到这一天才能把婚纱穿上身，给新郎一个惊喜。

最令人感动的一刻，莫过于新娘新郎在超过二十四小时没见面后，新郎第一次看到新娘身披白纱样子时不能自已的表情，有的惊喜地大叫，有的一时语塞，“男人有泪不轻弹，只是未到动情处”，更有的，直接被新娘美哭了。

这一眼，被称为——The First Look。

劳胖说：“关于婚礼，什么都可以‘入乡随俗’，但是 The

First Look，一定要保留。我要在婚礼的当天，看到你为我穿上婚纱的样子。”

于是整个订婚纱的过程，他都坚持不参与，有时候我忍不住逗他，假装拿图让他帮我参考下婚纱的图纸，他就马上用双手蒙住自己的眼睛说：“我不要看我不要看我不要看，我要等到婚礼那天才看！”

虽然不会让他参考，但是关于订婚纱真的是一件很纠结的事情，因为除了英国的答谢宴，我们会有两场正式的婚礼，算上出门纱、迎宾纱、仪式纱和敬酒服，每场婚礼至少要换三四套，如果定制的话价格不菲不说，并且很浪费，毕竟穿一次就不会再穿，所以我把这个烦恼也告诉了劳胖。

他想都没有想，便对我说：“别想了，老婆。我们就要定制，按照你喜欢的样子去设计，做这个世界上独一无二的婚纱。你是一个对婚纱很讲究有自己想法的人，不能为了考虑其他的因素就将就。虽说婚礼我们要办几次，但你的二十八岁只有一次，现在是你最年轻、身材最好的时候，我不想你穿别人穿过的婚纱、别人穿过的款式，我想让你穿的是属于你自己的梦想中的婚纱，一生一次的事情，我不想你有任何遗憾。”

这是他的原话，一字不漏。

听完他的话，我很不争气地哭了，因为劳胖并不是一个养尊处优，挥金如土，不知挣钱辛苦的纨绔子弟，平时的生活习惯也是该省则省，绝对不会乱花钱，只会把钱花在应该花的地方，而我在他价值管理体系中，属于那个“该花”的部分。

于是乎，经历了一次次修改、打版、调整以后，在临近婚礼的前一周，我第一次，试穿上了我的婚纱……

虽然之前已经通过各种设计图，知道它是什么样子的，但当它最终呈现在我眼前的时候，第一眼，我还是忍不住哭了。一针一线，从无到有。那一刻，我终于明白女人为什么需要一场婚礼、一件婚纱，这是一场珍贵的仪式，只有经历了这个过程中所有的折腾，才能真真实实地感受到其中的感动和意义。

兜兜转转这么多年以后，终于等到了这一天，我将要穿着自己设计的这件独一无二的婚纱，真正地走上红毯，而红毯那一头，是我迫不及待要面对的未来，和劳胖一起的未来。

029

真正的求婚仪式

在婚礼举行前，都会有很多次彩排。

有一天，我和劳胖到酒店配合婚庆公司做彩排走流程，到了父亲牵新娘上台的环节，原本是新郎站在舞台上，等父亲牵着新娘走到新郎面前，将女儿的手交给新郎，可是我和我爸正在往前走的时候，劳胖也从舞台上朝我们走来，我赶紧向远处的他招手示意道：“退回去退回去，你是不走的，你就站在那里等我们！”

结果他好像没听见一样，仍然径直走到我面前，然后突然单膝跪地，不知道从哪儿变出了一束鲜花递到我面前：

“老婆，嫁给我！”

我的天，这个时候，我才知道原来他串通了婚庆公司和摄影师在给我补求婚……

我一下懵圈了，心想哪有人是在婚礼前才补求婚的啊！证都领了，你都叫我老婆了！你还问我愿不愿意嫁给你？嗯？

他倒是好，继续跪在那里，一个字一个字认真地说……

“这一辈子，我会好好照顾你。”

听到这句话我还是忍不住哭了，我知道他说的是真心话，经历了这么多物是人非，哪一个人在什么样的场景说了一句是否发自内心的话，我还是能分辨出来的。我知道那一刻他说出的这句话，不光是在说给我和我的父母，也是在说给自己听，他真的有这个决心和毅力，要照顾我一辈子。

后来他告诉我，虽然我嘴上说只要我们真心相爱不需要这些形式，可是他知道关于求婚这个场景的幻想，是一直存在我脑海中的。虽然操办婚礼时间仓促，但该有的程序他一个都不会欠我，因求婚这个行为，他一生只会做一次。

这是第一次，也是最后一次。

所以，他也特地约了摄影师，要永久记录下这一幕，以便将来老了以后，他好给他孙子们嘚瑟，看，你爷爷当年是怎么把你奶奶搞到手的！

030

我们的誓词

成都婚礼。

在举行仪式的前两天，公公婆婆携男方主要亲属来到了成都，为婚礼开始做最后的准备。

我的伴娘团因为都在本地，所以早已经到位就绪。而这时，劳胖的“伴郎团”们却还分布在中国台湾、香港和英国等地，眼看婚期临近，却还没有一个伴郎到场，其实当时我是有点儿担心，害怕他的“伴郎团”到时候会出现临时空缺的情况。

结果事实证明，我的担心是多余的……

因为在花夜的前一天，所有的伴郎团兄弟集体赶到。

正所谓物以类聚，人以群分，说实话以劳胖的为人和人品，我真的不需要担心他的朋友会失约。

他的这些朋友虽然并不是时常见面，有的人大学毕业后都没有再见过，但是一个电话，他们便义不容辞从天南地北赶来。

有的放下手中的工作推掉会议，有的人放弃了休假，有的甚至带着五个月身孕的老婆，从世界各地买票转机，在花夜之前全部赶到……

将心比心，要我坐十几个小时的飞机，去参加一个一小时的婚礼，再坐十几个小时返回，这得要多铁的关系、多深的情谊才能愿意……

所以我相信劳胖的从前，在没有我参与和我看不到的那些青葱岁月，也一定是个待人真诚重情重义之人，所以才能让别人如此待他。

同时，我也十分感谢当时能来的那帮“兄弟团”，这份情谊，珍贵至极，我们将铭记于心。

在婚礼的前夕，妈妈也将我们的婚房布置好，挂上了喜庆的气球，换上了大红的床单，他们已经准备好迎接女儿生命中的大日子。那一晚，这栋房子里的所有人，几乎都无法入睡，有人兴奋难眠，有人担心忧愁，有人万分感慨。

凌晨，年事已高的外婆早早地起身给我煮好了汤圆，一边看着我吃汤圆，一边说吃了汤圆，以后你的日子就会像这汤圆一般圆圆满满，团团圆圆。送亲的队伍很长，婚车要离开的时候，外婆还站在车窗外拉住我们的手，不停地对劳胖重复着，你要对她好啊，你要对她好啊……

劳胖同时握住我和外婆的手，低头亲了亲老人家的手背，没有多余的言语，一个安慰的动作希望让老人家放心，放心把一手带大的小女孩交给他。

从咿呀学语，到长大成人，如今终于盼来了自己的归宿，说放心，外婆又怎么能轻易放心得下，却还是放手，目送我们的婚车离开。

婚礼如期而至，我穿白纱，他着盛装，我们交换戒指，我们举杯喝尽杯中酒，台下时而掌声雷动，时而感动淋漓，觥筹交错。

我们简化了一切烦琐的流程和客套的讲话，却唯独保留了新郎新娘的誓词部分。我们在彩排的时候，要求对方不要发言，要把对彼此真正想说的话留到婚礼当天。

我到现在还清晰地记得我们在台上分别说的话，每一个字都记得。

劳胖说："你是我三十一岁的时候认识的，这三十一年来，其实认识过很多不同的女朋友，不过，就是因为我交过不少的女朋友，反而，我更清楚知道我要什么。一切一切我想要的东西，都在你身上。"

一般婚礼上是很忌讳和不愿意提到前任的，但他就是这么单纯直率，他的字面意思就是他内心的肺腑之言。没有客套，没有寒暄，在他能组织的中文能力范围之内，最简单直接地表达出他想表达的话。

话筒又交递到我的手上，说出了那段至今还能一字不差念出来的誓词：

"老公，在遇到你之前，我从来不觉得自己是公主，我也从来不相信，这世界会突然有一天，出现一个白马王子，然后带你走向幸福的生活。

我也曾迷茫、徘徊，甚至对这个世界，都充满了深深的绝望，直到你的出现。

你如此单纯、善良；如此优秀、出众，可你却给了我前所未有的安全感。你每次出差，只要工作一完你就会回酒店跟我

Face time，直到我们都睡着。我知道，你很爱家，很爱我们的家，我们已经对彼此深深的依赖。

你没有跟我求过婚，你只是在有一天，趁着酒劲，突然跟我说，我们结婚吧。然后我们抱头痛哭，然后你一直摸着我的脸说，终于找到你了，终于找到你了。

我知道在这样一个浮躁的社会，就算是两个人结为夫妻，也不一定能够相伴到老，但是你，不止一次地跟我说，无论遇到什么都不要轻易说分手，无论遇到什么。世界再大，我们都手牵手，一起去面对，一起去走过。

老公，谢谢你，成为我的家人。”

这三百多个字并不算华丽的誓词，却是我此生说过最真心、最朴实之言。一路走来的过往历程，都在其中。我没有在这个环节去感谢来宾感谢家人，因为我认为婚礼的誓词，是给我们的爱情的。

婚礼，就是这样一个很奇妙的场景。我们都以为我们会厌烦那些老套的流程、世俗的喧闹，但其实，在自己的婚礼里，你根本是望不见那些喧闹的，你只看得见那个人，要和你共度一生的那个人。

我庆幸，我没有因为那些世俗的看法而省掉这些。没有这些，你看不到那些真心的眼泪，听不到那些发自肺腑的誓词，你会错过那些令你铭记一生的点滴细节。而人的内心终究是需要戏剧感才能完整的。不管幸福还是悲伤，再普通的日子，你也是你的女主角，需要在某些时候，金钗当头，号啕大哭。

如果在那一刻，你的心里照见的是澄明，我相信你一定能感受到一种纯粹的幸福，前所未有。

这与婚礼是不是在海边、在圣殿、在蓝天白云下，都无关。

这与鲜花够不够美、钻戒够不够闪亮、婚纱够不够奢华，都无关。

唯一有关的事情，就是我和他，两个人，我们如今在一起，并决意永不分开。

接下来是两位父亲的发言，当我父亲把我的手交予新郎手中之后，他拿起话筒，每一句里面都是两个字：托付。

“我把她养育了二十八年，她母亲也为她消耗了二十八年的精力，今天，我把她交给你，祝福你们。”

父亲年轻时是单位的领导干部，之后下海经商身经百战，平时演讲，聚会发言都滔滔不绝信手拈来的他，竟然在如此重要的场合，言简意赅。原来越是郑重的时刻，越是讲不出更多话语，短短两句话父亲已经有些哽咽，千言万语到了此刻，也许也只能说出这寥寥几句。

和我父亲不同的是，可爱的公公却是带着事先写好的洋洋洒洒几大篇稿子上台讲话。

在婚礼之前，我们就曾反复讨论过，公公到底应该用什么语言来发言比较好，因为公公的普通话不好，如果用普通话念完那么一大篇内容会很吃力和费时间，如果用粤语念，就会比较顺畅，但下面来宾又完全听不懂，所以也没有任何意义，后来又商量着说用英语，这样至少一部分人能听得懂，另外劳胖也可以在旁同声翻译。

所以最后我们跟婚庆公司沟通好，公公上台时配两个话筒，一个给公公，一个给翻译。

结果在婚礼当天，快要开场之前，公公临时改变方案决定要用普通话，他说下面坐的都是中国人，我们中国人的婚礼当然要用中国话才是最好的，也尊重到场的来宾。

但如果用普通话，公公的语速起码要慢一倍，所以他又不得不把稿子删减了又删减，精简了又精简。

其实等他正式上台讲话的时候，因为发音问题，大部分的内容大家都没有听懂，而且因为篇幅太长，下面的来宾已经开始不耐烦地交头接耳，但我公公虽然说着吃力，但也坚持讲完了所有内容，而那天的我，站在台下认认真真听完了他讲的每一字每一句，公公之所以讲了那么久，是因为他的演讲稿里很大的篇幅是在感谢为我们婚礼服务的工作人员，细致到列出了酒店每一个部门的经理、负责人姓名，婚庆公司的工作人员姓名和主持人姓名……

那个时候我才恍然大悟，为什么这两天，他一直追着问我主持人叫什么名字餐饮部经理又姓什么……

婚礼结束后，婚庆公司的老板来与我告别时，说："你公公素质真是高，他刚刚讲话时居然感谢了我和我的团队，你知道吗？我做这行这么久，从没有家长会花上台发言的时间，如此隆重真诚地感谢我们下面的工作人员，大家都觉得收了钱你就该服务，很少有人会尊重和感激雇用关系中的角色，你公公让我们很感动，与你们合作真是很开心，谢谢你们！"

因为这件小事，后来我与这家婚庆公司的老板成了朋友。

我不知道那天的来宾有没有仔细在听，或者有没有听懂他讲了什么，我也不知道公公在台上发言的时候，到底有没有感觉到下面的窃窃私语和暗潮涌动，我只看见公公讲完时，仍然缓缓向前，走到舞台中间，向下面的来宾深深地弯腰一鞠躬，以表诚挚谢意。

可能大家都饿了，也可能是大家都习惯了参加各种婚礼的套路了，下面的掌声并没有起初如雷贯耳般热烈了，但我的心里却为公公大力鼓掌，我觉得他很了不起，能如此周全地在女方婚礼上考虑到女家所要面对的社会关系的方方面面，这是何等的气度非凡……那一刻我无比自豪。

而婚礼的最后一个环节，是双方父母都坚持一定要加进去的，两个父亲现场用毛笔写下“家和万事兴”几个字。公公写“家和”，父亲写“万事兴”，这是他们达成高度共识的价值观，《论语》也讲“礼之用，和为贵”。

人生活在世间，不能离开社会，不能离开群众而独自生存。与社会大众相处的就是和睦。国家能和，再强的敌人也不敢轻易地欺侮；家庭能和，没有不兴旺的。他们希望这幅横匾能指引和影响到我们今后生活的方方面面。

结束了劳累的一天，我和老公一家回到住处，搞怪的哥哥姐姐把我们婚礼上真人相同比例的KT板照片也搬回了家。

婆婆煮了汤圆，让我们每一个人都吃，寓意圆圆满满，我们一边吃一边跟KT板还有“家和万事兴”的横匾自拍，婆婆感叹，要不是这次婚礼，我们一家都不知多久才能聚得这么齐，能拍这样的全家福。

我和劳胖的婚礼结束了。

而我们的生活却刚刚开始……

或许再也没有机会好好地跟过去的自己告别，好好地听到父母说出的托付，好好地感受到众人的见证。

我知道，此后的人生，确实已与过往截然不同。在那场盛大的婚礼之后，以后幸福或难过，顺利与困难，都要我自己一个人走了，不，和他一起走。

031

伦敦的欢乐海洋

休整一周后，我们踏上了前往英国的飞机，开启了英国的答谢宴。

在去英国之前还发生了一个小插曲，本来计划是同公公婆婆一起先飞法国，去参加劳胖表妹的婚礼，结果去法国领事馆签证却被拒签，理由是假结婚……

我站在领事馆门口欲哭无泪，我说我怎么假结婚了，凭什么说我假结婚？签证官说你们一个英国人，一个中国人，但却跑到香港领结婚证，你们是在规避什么国际法的漏洞？而且结婚证就是一张纸，连个照片都没有，我完全感受不到任何你们真心相爱的信息！你一个单身大龄女青年，动不动就申请探亲签证，问你去国外语言通不通你回答“通”，问你怕不怕你说“不怕”，一看就是去了就不会回来，典型的严重移民倾向！

我当场石化……我能说什么……

后来我赶紧补了一大堆能证明“我们真心相爱”的材料，其中包括：

我们晚上一起敷面膜的照片、我们拍婚纱照化妆的花絮、我们刚认识时谈情说爱的肉麻聊天记录截图、劳胖穿个三角裤围个围裙在厨房做“黑暗料理”的照片、婚庆公司的合同、婚礼当天的现场照片等，反正能想到的东西都提交了，递给代办人员这些打印成A4大小照片的时候，我脸涨得通红……最后签证官拿到补交的资料再次审核，这才通过。

我想说签证其实就是这么随意，老外嘛，你懂的，往往就是凭签证官那一时的心情和直觉。这里也向广大办赴欧签证的同学们提供一点经验参考，在基础资料准备齐全的同时，尽量多可能的提供一些人情味俱全，能立即让签证官有感触的材料，这样才会最大可能地避免被拒签。

因为错过了同公公婆婆一同前往法国的飞机，所以只能重订行程，直飞英国。

在来到伦敦之前，我对伦敦的所有印象都是来自电视电影、每日新闻、人文趣事和有关英国的书籍。

在和英国有关的好多新闻里，没有瑰丽的建筑，没有曼妙的故事，也没有女王，只有苍生平等、稀松平常的百姓生活。每每看罢，总希望自己能早日前往，因为我想去劳胖长大的地方看一看，来到他的城市，走过他来时的路，看他长大的街景，吃他小时候爱吃的垃圾食品，坐他每天上下班的地铁，听他听过的歌曲，品尝他的甜蜜和孤独……

可能是因为劳胖的原因，我对伦敦竟没有一丝陌生的感觉，每日驾车环游于这座古老的城市。在这个寸土寸金的地方，停车费的“贵”堪称世界之最，但是为了圆我一个红色双层巴士之梦，劳胖把车停在市中心，顶着大太阳陪我坐在双层巴士顶层环游伦敦，在大街小巷穿梭着，和他一起行走在这个城市的街角巷尾，领略着这座“日不落”帝国的瑰丽与繁荣。

后来，迷恋历史和天文学的劳胖带我去了格林尼治天文台。也是在那个时候，我发现他真的特别喜欢小孩子，因为在博物馆门口遇到一个幼儿园来游园，中途遇见人家老师去上厕所，劳胖就趁机把人家一个班的小朋友圈在一起开始给他们讲望远镜的原理……

当时我看着一脸满足地给小朋友们讲解望远镜原理的劳胖，温柔又可爱的样子，仿佛已经看到以后他当了爸爸的模样，认真又可爱。

那一刻，我脑海中忽然闪出一个念头：好想赶快和他生个孩子！

天文台之后，劳胖又开始精心安排起伦敦眼之行，他知道和心爱的人一起坐遍全世界的摩天轮，一直是我心中的梦，所以他要以伦敦眼为始点，实现我的梦想。

我每天晚上都会路过伦敦眼，望着它的时候，都在想摩天轮里的人一定很幸福地看着伦敦的夜景，每天都想着要赶快登上伦敦眼，鸟瞰这个古老的城市。

坐伦敦眼最好的时间一定要在黄昏，从底到顶，刚好见证整个日落的全过程。

我和劳胖在黄昏时登上这巨大的伦敦眼，两人相拥在一起，望着下面离得越来越远又越拉越近的大本钟。

“老婆，你在想什么？”劳胖问看着窗外发呆的我。

“在想发生的这一切，好像梦一样，我们两个人初次见面的那一天，好像是昨天。”我看着大本钟上的时刻，感叹道：“我想时间过得快一点，可以赶快去看看我们的未来，我们的孩子，我们老了以后。可是我又怕时间过得太快，这一辈子好短，要是早一点遇见你，我们是不是就会多几年在一起？”

劳胖听完，低头亲了亲我的头发，说：“从今以后的每一天，我们都不要吵架，不要冷战，不要留下遗憾，向老天把之前没有相遇的那些年都挣回来。”

在劳胖的陪伴和导游下，沿着他的成长足迹，我们看了大英博物馆的奇珍异宝、听了大本钟准点响彻云霄的钟声、坐了古老的地铁、去了奢华庄严的白金汉宫、品味了形式优雅内涵丰富的“英式下午茶”、参观了杜莎夫人蜡像馆、登上了能俯瞰整个泰晤士河的伦敦眼……

伦敦实在迷人，踏足此地就像置身于一幅褐色的魔幻毛毯，不费吹灰之力就把我带进旖旎的意境中。这是一座永远会给你带来惊喜，从来不会让你失望的城市。男人迷恋伦敦，是因为它与生俱来的古典和现代的完美结合，女人迷恋伦敦，是因为它无处不在的优雅和时尚……就像一杯年代久远、醇香浓烈的美酒，注定世人都会为它沉醉一回……伦敦涵盖了世间的一切，在这里可以找到任何你想要的东西，而我，在这里找到了我相守一生的爱人。

要想用几天时间来了解和体会这座城市的精华和风情，显然是仓促的，认知也是肤浅的，我不期望能抓住伦敦的灵魂，但我却实实在在地用心灵感受着在伦敦的每一秒钟，用镜头记下我所能看到的一幅幅绝美画面，品味着这座古老与现代并存、充满时尚魅力的大都市，更重要的是，体会着我的爱人来时的路，他从遥远的海上来，来到我的城市，和我相遇。

在英国还发生了很多有趣的事情，在劳胖姐姐家里，见到了姐夫口中的女儿“BB”（一只波斯猫）和许久不见的古灵精怪的姐夫。我们每天早上围在一起吃早餐，谈论着各自的人生趣事。刚好又遇上了我可爱婆婆的生日，于是一大家子烤蛋糕，弄了一大桌子菜，陪她度过了她的六十八岁生日。

为了陪我走多几个城市，姐姐姐夫索性推掉工作，组团来了个Family Trip。我们一路北上，沿路经过了牛津、古老的York老城、著名的曼城老特拉福德球场和姐姐姐夫两年前结婚的地方，这个地方就是后来因为周杰伦婚礼而被世人熟知的Castle Howard。

到了城堡门口，姐姐婚礼的照片还被作为宣传照挂在墙上，一路听他们描述四年前婚礼上发生的趣事。

每一段的有趣旅程，都是因为劳胖，我才可以体验。和劳胖结婚的世界，它的每一面都是有趣的、正面的、阳光的，我爱这个有劳胖的世界！

终于到了曼城举行答谢宴那一天，本以为只是一个随意的聚餐，没料到竟然来了一百来号人，而且全部人都盛装出席，热闹喧天，甚至还有舞狮的队伍！当狮队舞到我们面前时，揭开狮头的时候才发现原来舞狮人是我公公快七十岁的朋友，老爷子咧嘴一笑，手一松，从狮嘴里吐出一对有所有朋友联名签名的祝福锦旗。

据说为了来参加这场聚会，曼城华人商会当天全部不营业，都来这里整整狂欢了一天。

我在当天发言里说道："本以为只是个简单的饭局，没想到在座的长辈们给了我们一家这么大的惊喜。我第一次来到英国，第一次来离家这么远的地方，可是走到这里，却有一种家的归属感，谢谢你们这么多年对我公公婆婆的照顾，看到你们生活得这么充实而快乐，我们无比欣慰和放心，你们是我们后生的榜样。"

那天之后我确实很感慨，这些平均年龄七十多岁的老移民，活得超脱、纯真、乐观，但又比任何人都崇尚中华文明，注重保留传统，每座城市的 China Town 都是他们自己筹资修建的，且每个主要城市的市中心都有一个中国城，这些被保存的古风建筑的龙柱和大红灯笼，时刻慰藉着千万华人的思乡之情。

当然，每场饭局后都免不了唱 K 和斗舞环节……当然斗舞……从来也只有我和公公斗……相聚时候总是短暂，很快我们的英国行就要结束了。离开英国的时候，婆婆送了我一个礼物，一个印有我们一家人照片的抱枕，她说如果你想我们了，就抱着它，这样就可以每天抱着你最亲爱的人睡觉了。

幸运的是，我不仅遇见这么好的劳胖，也遇见了这么好的公公婆婆和他们那一大家子可爱的人。

032

迪士尼新人

最后一场香港的婚礼是在同年的 12 月 18 日，因为这一天也是公公婆婆的结婚纪念日，举办婚礼的地点，我们选了两个人第一次在香港一起游玩的迪士尼。

香港婚礼习俗不同于成都，成都婚宴是在正午，而香港的正餐是晚宴，嘉宾都是六七点才到场，八点左右才开始正式仪式。

在筹办期，公公婆婆问过我有没有什么要求，因为想法有些太孩子气，我不好意思同公公婆婆开口，只能私下悄悄给劳胖提过两个心愿，第一个心愿是，我想举行一次草坪婚礼，希望有一个神父问我们是否愿意娶（嫁）给对方，然后亲自听到对方说 Yes，I do，那是我心中一个无比神圣的仪式和梦想中的婚礼环节，因为成都的婚礼上并没有。

还有一个心愿，那就是想在仪式结束后玩变装派对，穿着 Cosplay 装出来给来宾们敬酒，毕竟是最后一次婚礼了，我想玩点不一样的。

其实我也就是那么一说，我也知道要顺应长辈的心意，毕竟婚礼并不是个人的生日派对，要面对那么多社会关系，得体大方是关键，由不得自己想怎么尽兴就怎么来。

而劳胖也一直没有反馈我，到底行不行，让我以为可能这件事就这么泡汤了。直到跟酒店签最终方案的那一天，经理说你们下午那一场草坪婚礼安排好了，我睁大眼睛，惊喜地望着劳胖，他摸着我的头点点头，眼神示意我搞定了。

原来他们考虑到晚上天黑了，如果在户外举办仪式，视线不太好，便专门在下午加了一场草坪婚礼仪式环节，并一个个打电话通知客人婚礼改了时间，希望他们能够早点来参加仪式。

劳胖有些可惜道："只是变装派对，恐怕不行。因为考虑到当天有许多身份重要的长辈到场，可能变装会有一些不妥。"

我连忙点头表示理解赞同，表示自己已经很满足了，跳起来抱着劳胖大大地亲了一口，感谢他为我准备了草坪婚礼，这已经足够了。

直到婚礼当天，草坪仪式举行完毕后，我们上台讲完话，便各自回更衣室换敬酒服准备下一轮敬酒，谁料十分钟后礼堂大门一打开，劳胖和他的十几号兄弟们，包括姐姐、姐夫，Cosplay 成各种超人、蜘蛛侠、法老、相扑一窝蜂冲进来了……顿时全场气氛爆到极点，大家都失控了，不管是年轻人还是老年人，都纷纷离开自己的座位跑到中间来合影。

认识劳胖的人都知道他是一个超级一本正经又传统，且有严重偶像包袱的人，能穿这样的衣服面对大家对他来讲是非常不容易的一件事情，他提前悄悄准备好了所有衣服分发给兄弟们，想到时候让大家"措手不及"。

后来，我问他为什么还是要这样做了？他说这是我给你的最后一个婚礼了，不想你有遗憾。

"第一次和你来迪士尼的时候，我就说不知道为什么就想和你做这些幼稚的事情。当时没有想到还会再来，而且是举办婚礼，虽然变装看起来有点儿幼稚，但是没关系，我就想和你做这些幼稚的事情，你在我身边的时候，有时候可以像一个小孩，我希望你和我在一起的日子，是永远开心快乐，充满阳光的。”

033

有关劳胖的碎碎念

劳胖其实并不算胖，只能说是又高又壮的一个人，至于他为什么成了劳胖，这里面有一个典故。

他第一次来我家，也就是提亲那次，是我爸来开的门，一开门我就给我爸介绍：“爸，这是 Lawrence！”

我爸就用很娴熟的四川话回道：“劳伦斯你好，进来嘛。”

进门后我爸就对着满屋子的亲戚说：“他姓劳，叫劳伦斯。”相比于四川男人的“娇小”，劳胖的身高和身材确实大了几号，用老年人的话来说就是这孩子长得真汪实！然后再亲切一点就是这大胖小伙！相信我，这绝对是欣赏的语气！

所以呢，在那一次见面后，我妈每一次给我打电话都问我，那个大胖小子呢，下班没有？我一头雾水说哪个胖子？……她说姓劳那个胖子……渐渐地，我们私下就“劳胖子劳胖子”地叫，再然后，他就变成了劳胖……

劳胖呢，从不挑食，不管给他做什么吃的，还是带他出去吃什么，他都说好吃，我想这大概是因为他成长在英国的原因……

所以当他来到了我们天府之国，就打开了关于美食的神奇之门。

刚来四川的时候，他其实不能吃辣，还记得劳胖第一次跟他妈在电话里是这样介绍我的：

“妈！我交女朋友了！她是四川人！我跟你说啊，你知道吗？她人超厉害，她把一盘裹满辣椒的肉倒进一盆辣椒水里煮熟，然后捞出来再蘸辣椒磨的粉来吃！而且她的狗也只吃蘸了辣椒的肉，没有味道的肉一口都不吃……你不知道她有多厉害！”

我能想象我婆婆在电话那头的表情……仿佛是看见一个嘴里喷火的儿媳牵着一只嘴里喷火的狗！

后来他天天跟着我们吃香喝辣，各种小米椒、辣椒粉、朝天椒……一直为了美食努力进化到现在，没想到居然比我还能吃辣，反倒是我从怀孕开始渐渐变得没那么爱吃辣了，不知道是不是两个人在一起久了，饮食习惯也会互相适应和交换。

所以呢我爸不知道他已经变得爱吃辣，还以为他老是为了迁就我们跟着我们一起吃辣，老是夸他说："你这老公好啊，从不挑食，也没有什么过场，从来不让我们迁就他的清淡口味，当然我们也没迁就。我们吃什么他就吃什么，火锅吃得比我们还多，这么辣的菜他能吃那么多，可以看得出他是相当的随和大气，懂事！他知道给我们面子！"

对此，我也不想多做解释，我总不能给我爸说："你都不知道他吃得多欢乐！那些开心的表情都是真的！"

让他留一个大气懂事的好名声，嗯！

刚在一起那会儿，他的普通话还没有现在这么好，经常乱发音引起很多歧义，我就像小朋友的妈妈一样，只有我听得懂他想表达什么。

有次坐飞机，他问空姐，小姐麻烦给我一个坛子，空姐说我们没有坛子只有垃圾袋，你实在想吐可以去卫生间，我连忙解释说不好意思啊他是要毯子，毯子……

还有一次我问他如果可以变成一个超级英雄，你最想变成哪一个，他说杠（四声）铁侠！我说什么是gàng（四声）铁侠，那是钢（一声）铁侠好吗！他说都一样啊，杠和钢都一样啊，我说怎么会一样？？你说肛门难道是杠（四声）门吗？诸如此类的口音笑话实在是太多了。

我可以从春熙路一直和人说“劳胖因为说中文闹的笑话”系列说到玉林路，大概这么多。

因为他中文太烂，所以被我天天吐槽你中文这么烂以后怎么教宝宝呢？宝宝去上幼儿园一张口说话就会被小朋友笑的。

小朋友教育的问题，是个大问题，自己口音被嘲笑没关系，但是不能让自己的宝宝被人嘲笑！

劳胖痛心疾首辗转反侧了一宿，第二天带回来了几张拼音字母表贴在墙上，我有些奇怪问他哪里弄来的这些，他说：“我叫助理去文具店买的，从今天开始你教我学拼音，我要为了我们的宝宝努力学好中文！”

于是在劳胖奋起直追，要学好中文的那段时间里，我真的快要被他烦死了，烦到有些后悔为什么当初要嘲笑他！搞得他现在天天反过来折磨我！每天都要接到无数个这样那样的电话，问：“老婆，合同的合怎么拼？外卖的卖怎么拼？上课的课怎么拼？叉烧的叉怎么拼？”

经过四年的历练，现在的劳胖，中文已经进步了很多，虽说他的普通话水平追上来了，但我的川普还停留在原地，尽管如此，我仍然是我们家里普通话最标准的那个，我还是他最权威的普通话老师！

“老婆，最近工作很辛苦，我想要UFO。”

“UFO什么鬼？”

“爱—抚—哦！”

说完了中文的发音，还要说一下劳胖对中国传统文化的执念，比如……

写书法！

劳胖是一个酷爱中国传统文化和历史的人，留在成都发展也是因为他是一个三国迷，不仅是三国迷，他还是个超级历史迷，有事没事就在家里看《汉武大帝》和《大秦帝国之崛起》，翻来覆去，虽然有些台词都听得云里雾里，但是他还是看得津津有味。

沉迷到哪种程度？就是有一次他回香港出差，我让他帮我买几张正版的演唱会光盘回来听听，后来他拿出光盘，竟然是《秦始皇传》……

有一段时间，这些历史剧看多了，实在克制不住自己体内有关传统文化爱好的洪荒之力，于是决定练书法，自己一个人跑了好多家文具店，乱七八糟买了一堆文房四宝回来，然后每天下班回家，就直接钻进他的书房，装模作样，哦不，应该是勤奋努力地练习书法……

就这样废寝忘食、夜以继日地练习……

直到有一天，我跟着去书房，想看看他的练习成果……

发现他写了一大堆扭扭曲曲，歪歪斜斜的毛笔字，来来回回也就几个字……

什么天啊人啊魔啊道啊，大概就是电视剧上看起来最炫酷、出镜率最高的字，都被他翻来覆去地写！

还有一个字，董。

连起来就是大地人魔道董……

虽然我对他的书法不屑一顾，但是很感动的是，他唯一会写的几个毛笔字里面，有我的名字。

还记得到了当年的国庆节，在我们一家人正商量去哪儿自驾游时，一直沉默不言的劳胖，忽然开口说：“我最近老是梦到秦始皇，可能我的前世今生跟三国秦汉有着某种联系……”

我爸说你想去西安就直说，磨磨叽叽还编故事，虽然我去过很多次了，但是只要你一句话，我就带你去！

于是我们一行二十多人，自驾前往西安，去看了他魂牵梦绕的兵马俑，还顺便走了一趟延安革命根据地，接受了一番爱国主义教育，把劳胖开心得不得了，他对历史文化的饥渴终于得到了一些满足，一路上都感谢我爸。

那一年国庆节，听劳胖说得最多的中文竟然不是我爱你老婆，而是："谢谢爸！"

在那一次旅行中，劳胖和我爸的感情也迅速升温，我一直觉得自从有了劳胖，我爸明显爱女婿比爱我多，他对劳胖是那种发自内心的认可和疼爱，是我看了都会吃醋伤心的。

我爸经常喝了酒之后，都会自言自语地感叹："我真的好羡慕劳胖的爸爸妈妈，怎么教育出这么懂事孝顺的孩子！"这话是说给我听的，言下之意我是忤逆子……大概劳胖就是传说中别人家的孩子。

虽然我是不服的！但劳胖身上的一些品质，确实是我自己自叹不如的。他非常尊重父母，即便是天下妈妈都一样啰唆唠叨，天下爸爸都一样严厉霸道，他还是对父母毕恭毕敬，从来听不到他跟父母说话大声，当然劳胖不是那种愚孝的人，就算和父母有分歧，他也会坚持正确的东西，但是对父母，是绝对的尊重。

这几年来，劳胖每一次生意上的重大决策和想法都会跟他爸爸汇报沟通，征询他的意见。劳胖的爸爸将近七十岁了，其实很多生意上的事情都出不了什么主意，也给不了什么意见了，劳胖的汇报也并不是真的想得到什么意见，而是对他爸爸充分的尊重，也希望爸爸能够知道自己的近况如何。

尊重，是一种修养，亦是一种品格，一种对别人不卑不亢、不仰不俯的平等相待，一种对他人人格与价值的充分肯定。道理谁都懂，但真正又有几个人能做到如此尊重自己的父母呢？我自愧不如。

说了他那么多好，我也要来说一点他不好的地方。

想这个别人家的孩子的缺点，想了半天，终于找到一个缺点……

那个……比如，他长得像……巴斯光年！行不行？

经常有人说劳胖长得像巴斯光年，可是他坚决不承认这个事实，总是要反驳回去并强调自己比巴斯光年帅多了。

有一次他在外地出差，晚上和我视频的时候，细心地发现我的眼睛看起来像哭过一样，他一问我怎么了，我那天因为工作上的事情受的气和委屈又涌上心头，然后又哭了起来，他立即把下巴拉得老长老长，做了一个怪相说："老婆你别哭了，你看我变成巴斯光年了……"

当时我就破涕为笑，因为我知道对于劳胖这种平日正经不爱儿戏的人来说，扮丑特别难为情，他可从来不愿意别人说他长得像巴斯光年，每一次我都爱拿这事戏弄他，以此为乐，所以在我伤心的时候，巴斯光年真的出现了。

谢谢你，我的巴斯光年。

一个热爱中国文化，努力学好中文，用变身来哄老婆开心的巴斯光年！

034

求生欲很强的狮子座

八月份的尾巴是……狮子座？

劳胖就是这么一只不折不扣的大狮子。

还是一只求生欲很强烈的大狮子。

我跟劳胖是完全不同性格的两个人，劳胖是典型的狮子男，热情、阳光、自信、爱面子、喜欢被仰慕被崇拜；我是典型的白羊女，直爽、率真、乐观、好强、爱憎分明、敢爱敢恨，刚认识的时候，我还不太懂星座，没去仔细研究过我俩的星座配对，结婚后很多朋友问我们是什么星座，才知道原来狮子和白羊是那么绝配的星座。

一番对号入座后发现我们真是在某些方面有着惊人的相似之处，而在某些方面又是完美的互补。劳胖遇事沉着冷静，有城府；而我遇事泼辣、风风火火，这让我们在很多场合配合得游刃有余。而白羊和狮子又大都身心开朗外向，对爱情的态度直来直去，姿态也颇高，尤其无法接受对方的“没眼光”。

爱情的保鲜剂永远是互相欣赏。狮子很欣赏白羊的爽朗、富有冲劲，白羊也很中意狮子的热情大方。在劳胖心中，我是个永远具有赤子之心的大孩子，而劳胖的成熟和稳重，反而不会嫌我幼稚和期待我快快长大，他巧妙地发挥着他宽大的王者胸襟，将我像孩子一样地宠爱，导致我们之间几乎零冲突的相处模式。

我在他面前不需要隐藏我潜在的“蛇精病基因”，上一秒可以端庄优雅地吃饭喝茶，下一秒就可以两眼翻白躺在地上装死，我在他眼中的“小公主”和“熊孩子”间随意切换，而他，永远像个爸爸一样只是站在一旁静观其变，任我尽情发挥。

我在恣意笑闹，他在一旁正襟危坐，是我们的生活常态。

大狮子也有蠢蠢的时候，记得那次我们在台湾给父母选礼物，大狮子劳胖只顾着给我爸选了，看见这个也想买看见那个也想买，最后回到家才发现一件礼物都没给我妈买，而我爸却有一堆……劳胖无比慌张地把我拉到房间问:“怎么办怎么办？妈妈肯定要生气！”

我说：“哎呀不会的，我妈不在乎这些”，但是求生欲很强烈的他想了半天，终于想到一个法子，把给员工买的小天灯纪念品拿出来，说这个好这个好，这个上面写的“I love mum”，我说这么小一个还不如不送呢，没有对比就没有伤害，结果他不听还是送出去了，结果拆完礼物我爸故意气我妈把他的一堆礼物抱在我面前嘚瑟，气得我妈撇嘴脸歪，当然丈母娘看女婿，越看越欢喜，我妈也不会真的生气。

我还记得，我们在一起后，迎来的他的第一个生日。

为了给他准备惊喜，我提前三天就约了朋友开始一起做蛋糕，参照他的样子捏了一个“巴斯光年”，可是巴斯光年的身材很瘦啊，所以又捏了一个圆滚滚的胡巴在旁边，并把他从小到大的照片都贴在了蛋糕上。

我非常了解自己，知道亲手做蛋糕这种事对于我这种超级懒人有且只有一次，所以为了长期保存这个蛋糕，我在里面放了泡沫，把蛋糕变成了模型，希望可以永久保存。

生日从来都只喜欢跟家里人过，这是我和劳胖达成最有共识的生活方式之一，所以那天劳胖预约了一家新开的西餐厅等我，我带着当时也在成都读书的妹妹，就只有我们三个人，过了一个小型且温馨的生日。

我满心欢喜地打开蛋糕，非常期待劳胖会感动得落泪，已经拿出手机准备拍下这动人的时刻，结果劳胖看见栩栩如生的“自己”和他从小到大的照片，在我以为他要感动得天崩地裂的那一刻，忽然抬头说：

“老婆，你把我照片剪了？我只有那一张诶！我家以前被洪水淹了，所有的照片都被洪水冲走了，这几张是我仅有的儿时的回忆……”

好吧，我就这样亲手剪断了仅有的几张代表他“儿时回忆”的照片……好心办坏事……

见我一脸茫然无措的样子，劳胖立刻停止了碎碎念，转而开口安慰我说：“没事，baby，我知道你的心意就好了！哇这个蛋糕好漂亮，你一定做了很久吧？我想一定会很好吃，我已经迫不及待想吃了！”

当时我心里就想：完蛋了！这个蛋糕是模型……

我还没来得及开口，我妹就在旁边神补刀，快而准地说道：

“姐夫，这蛋糕是假的，里面是泡沫，根本不能吃，我姐就是拿来给你看看，然后拍个照就收走的。”

劳胖一听，当场石化，默默地一个人吹完蜡烛，让我给他拍照，然后三个人一起看着蛋糕，也就只能看着……

后来我们把蛋糕搬回家，摆在我们的酒柜里，到现在还完好无损地放在那儿，我跟劳胖说，以后我们有宝宝后，两个人都会越来越忙，所以今后的生日都不会有我亲自做的蛋糕了，这个蛋糕摆在这里就是让你记住我对你的这份情谊，你要珍惜。

劳胖点头说是。

大概是不甘心生日这天，自己的照片没了，还没吃成蛋糕，他又嘟囔了一句：“这个甜的东西放在这儿会有蚂蚁来的……”

见我白了他一眼，他又继续小声嘟囔着：“可是这是老婆亲自为我做的蛋糕，我实在是太喜欢了，一定会好好珍藏，守护它，让它不被蚂蚁吃掉。”

看来狮子座的劳胖，在婚姻中并没有什么王者之气，而是一个求生欲望很强烈的亲亲好老公，哈哈。

035

我们的小家

给新房装修这种劳心费神的事情，即便感情再好的夫妻，可能都会在装修事宜上产生一些分歧，我想要这个，他想要那个，因为毕竟不是每个人的审美和喜好，都能一模一样，就算我和劳胖有那么多共同点和相同的喜好审美，在装修前我也担心我们可能会有分歧。

整个新房的装修，由于工期延迟，整整装修了八个多月，可是就在这八个多月的时间里面，我们一次架都没吵过。

在装修新房子的问题上，劳胖坚持我能把控的范围内的事情上的选择权交予我，我把控不了的他再来给意见。

在沟通设计方案的时候，劳胖几乎都是让我来决定，因为他完全相信我，也知道我的审美跟他的差距不会太大。

后期在选装修主材和大件家具的时候，如果他无法接受我选的品牌和款式，他会跟我说："老婆，我有另外一个牌子推荐给你，你可以看一看，作一作比较，这是我个人比较喜欢的风格。但是如果你实在还是喜欢之前选的，我也尊重你的选择，就用你选的。"

人之所以是高级物种是因为能理智思考，我相信再一意孤行和倔强的人在听到这样一番建议之后，都会适当去考虑对方的意见，因为这并不是我一个人的家，而是我们两个人的家，所有关于这个家的一切，劳胖都会参与其中，并不是那种"你自己一个人去做，你自己一个人决定，你开心就好"的态度，而他参与的方式也不是那种强硬的方式，而是这样润物细无声的温柔方式。

所以，每当他这样跟我说的时候，我都会心甘情愿地去考虑他的需求和愿望，尽量做到让我们两个人都满意，因为我们两个人的家，是需要我们两个人一起筑造的。所以我们总是可以在意见不统一的时候寻找出一个平衡点，这次你让着我，下次我就让着你，比如，地砖选了你喜欢的颜色，木地板就选我喜欢的颜色，大家都心甘情愿、心平气和地去成全对方。

一来二去，装修期间我们非但没有起过争执，反而更加增进了感情，因为劳胖喜欢自己手工 DIY……所以小到灯具大到衣柜都是我们自己亲手安装的，每天一下班，劳胖就来接了我一起去工地，铺上干净的油布，坐在地上，一个一个弄着螺丝，一个一个挂着水晶吊坠，像燕子筑巢般，共同筑造着我们的爱巢，两个人做得满头大汗，可是却乐在其中，看着自己的小家，渐渐有了清晰的模样。

还记得在软包基础快要打好的时候，我们两人一起去看了工程进度，站在初具雏形的主卧里，我们幻想着以后躺在这里每天在彼此身边醒来的画面，劳胖忽然不知道从哪里掏出一支笔，在木工板上写下："I love Nicole."

他说："明天这句话就会被做软包的人存封在我们的床头，直到永永远远。"

我一听觉得这个做法好浪漫，于是说那我也要写，拿笔在板子上写下："I love Lawrence too."

然后我们共同署下日期：2015.11.22。

这个证明我们爱着对方的笔迹就会存在于在我们的床头直到永远。

我始终认为爱如果可以更鲜明地表达，不是什么坏事，爱本来就易逝，拥有时必须热烈灿烂，让激情得到抒发。

劳胖在大的装修框架上不会多做干涉，但是在小的细节上却有很多自己的坚持。

可能每个人的家里都有一两个奇怪的柜子，专门用来放一些别人看不懂，小偷也不会惦记，但自己却觉得价值连城、无比珍贵的东西，比如劳胖，就有两个神圣不可侵犯的“私人空间”。

一个是用来摆祖先、佛祖祭祖的柜子。

一个是摆我们从相识到结婚所有跟我俩有关的纪念品，比如，婚宴酒水单、婚车公仔、生日假蛋糕、一起出行的机票、电影票等。说实话看到这柜子里的东西的时候，我差点儿掉眼泪，他的细致用心，真的让我自愧不如。

劳胖是一个很传统的人，传统得有时候像个老头子。搬家之前特地嘱咐我，一定要把婚礼上写的那个“家和万事兴”裱起来带到新家，挂在客厅正中间，作为我和孩子们的家训。我说不挂在客厅行不行，因为跟我们装修风格有点儿不搭，把它挂书房行不行？

他说：“那怎么行，这是你爸和我爸专门在婚礼上写给我们的家训，每天都要看到才能铭记于心，而且那个书法古色古香的，特别好看！”

于是我只得遵命，把那幅古色古香的书法家训“家和万事兴”裱好，高高地挂在我家客厅里。

在经历了长达八个多月的装修后，终于在2016年的春节，顺利完工！我们邀请了双方的爸爸妈妈，还有我的外婆，一起在我们的新家度过了一个快乐的新年。

婆婆从英国来成都之前，专门给我发了条信息问新房装得怎么样啦？能顺利搬进去吗？我拍着胸脯说没问题！什么都弄好了！就等你们拎包入住啦！

然后回完信息就开始暴走起来，因为真实的情况是家具全部没到位，连橱柜、天然气都还没安装，那时候离过年，仅有四天……

我和劳胖两个人像热锅上的蚂蚁，加班加点火力全开在五天内搞定所有的事情，五天后公公婆婆到达成都，我买了鲜花去机场接了公公婆婆顺利“拎包入住”，这才在我们的新家，过了第一个春节。

大年三十那晚，按照最传统的中国春节习俗，我们早早地起来挂灯笼、贴对联，一起准备年夜饭，一起包饺子、吃汤圆，我们按照广东的习俗，把纸币和硬币包在饺子里，看谁吃到的钱多谁就有好彩头。结果我爸和我妈吃了几乎所有的大面额纸币，公公婆婆只吃到了几张 1 块、5 块的小币，我们全家都笑开了花……

然后大家一起看春节联欢晚会，这也是劳胖一家生平第一次看春节联欢晚会，小品类和相声类节目语速太快，他们完全没看懂，最后果然集体睡着了……

我还记得那天晚上，突然来了大姨妈，可是日用品都在旧房子还没搬过去，那时候也是凌晨，大过年的外面超市也关门了，我着急问怎么办，劳胖立即从床上跳起来冲进厕所，几分钟后，拿了一个白白的异物出来。

“看，我给你做的卫生巾，加长版，夜用的哦！”

一些卫生纸拼接在一起的白条！

我哈哈大笑起来，说快！快拿过来我拍个照！

他说不给，不准发微博也不准告诉任何人！

最后假装答应说好的好的，然后还是忍不住发了微博吐槽，哈哈哈哈哈……

2015 年最后一天，阖家团圆，我们在欢声笑语中，迎来了在一起的第二个新年，在我们一砖一瓦自己建起来的小家里，有双方的爸爸妈妈，有外婆，一家人都在，没有比这个更好的事情。

回头看看，有的人还没好好告别就已成永别，有的人刚熟络就说再见，有的人一见如故决定厮守余生……无论是过客，是曾经驻足的人，还是依然同行的你我，生活永远都在继续，就算现在你有失落或者低潮的时候，也不要灰心和着急，你看我，不也是这样一步步走过来，突然就乌云散尽，满天阳光。

036

婚后的小甜点

有一次在香港的时候，他开着车，我坐在副驾驶，看见路过的公交车身上挂着容祖儿演唱会的广告，我自言自语地说：“我都没去过红磡看演唱会哦……”

劳胖耳尖，听到了我的自言自语，立即转头问我：“老婆，你想看这一场吗？”那笃定的语气，迫不及待地献媚，仿佛就是等着我说想看，然后他马上就能带我去看。

我说是呀，看的话也不是不可以。

果然，他立即拿起电话到处找朋友买票，可是不巧的是，那一天已经是最后一场了，票早早就卖完了，而且在那个时间，演唱会也应该开始了。

看他这么有心帮我买票就已经足够了，我说算了吧，我们下次再去。

没想到他立即掉头往红磡飞奔，说：“不行，今天一定要带我老婆去红磡看演唱会！”

到了红磡门口，他叫我在车上等着，然后我见他下车飞奔去跟好几个人交涉了一番，目测应该是黄牛。

不一会儿，就看见他跳起来，舞动着手上的票对着我开心地挥手：“老婆！下车！走！去看演唱会！”

尽管我们进去的时候，演唱会已经进行了一半，可是我们还是手牵手，一直听完了最后一首歌。

那时，我们结婚一年整，每天依然像初恋一般。为了对方开心去做一些幼稚又可爱的事情。

记得，有一次劳胖的脚崴了，拍 X 光看到有块骨碎片游离在肌肉中，医生说要包扎一阵子。可是他每天都忙得没时间去医院换纱布，于是我就在家自己给他包扎，包到最后留的那块纱布不知道怎么收尾，我就干脆给他打了个蝴蝶结。

我问他：“好看吗？”

他摇晃着脚上的蝴蝶结，说：“好看，比护士包得好看多了！我太喜欢了！”

我说：“那这么好看，你又这么喜欢，你就不能取下来啊！”

他点头如捣蒜，笑着答应我：“不取。”

于是他就带着这个蝴蝶结每天吧嗒吧嗒地上下班、出差，去了一趟北京回来，我看那个蝴蝶结居然还都完好无损地挂在上面……

我心里高兴，嘴上还是忍不住埋汰他：“你这样每天挂着蝴蝶结到处走，也不怕人家笑话你！”

谁知道劳胖说：“不怕。”然后悄悄地在我耳边说：“他们就算嘴上说什么，但是我知道，他们的内心，羡慕得要死，他们可找不到人给他们包扎蝴蝶结……”

后来脚好了，要取下蝴蝶结的时候，劳胖还心痛了半天，最后想了一个法子，把蝴蝶结保存下来，放进了自己的回忆柜子中。

上面还歪歪斜斜地写上一行介绍：

老婆大人给我包扎的蝴蝶结！

有一天，劳胖忽然告诉我，他在我们相识的那个餐厅订了位置，让我和他去吃晚饭。

我进去以后服务员招呼我在摆了餐具和花的位置坐下，那个座位正是我们认识那天坐的位置，我心里感叹他的用心，用餐过程中那张长长的条形桌没有安排一个客人，只有我俩，整个餐厅的人都在为我们服务！

“今天感觉有点儿不对……这么隆重？”我问。

“今天，是我们相识一周年的日子。”劳胖笑着说，非常满意自己准备的惊喜。

我这才恍然想起，一年前的今天，我们在这里相遇，当时的我，当时的他，那些情境和对话，一幕幕都记忆犹新。

“没想到那个又高又帅，让我一见钟情的男生，现在竟然成了我老公，真想穿越回那个时候，悄悄告诉自己这件天大的喜事哈哈。”我笑着说。

劳胖挑了下眉梢，说：“那个和我说话前言不搭后语，精灵古怪，又可爱的小矮子，后来成为我的老婆这件天大的喜事，我可以不用告诉当时的自己，因为当时的我，已经想到了。”

环顾了餐厅四周，再一次确定真的没有一个客人！我激动地问劳胖：“你该不是为了我包场了吧？”

劳胖愣了愣，沉默了一下，说：“老婆，你冷静……我没有包场……可能只是这家餐厅的生意不太好。”

他就是这样的人，是什么就说什么，嘴里说不出什么油嘴滑舌的话，但却永远对你做着最真心的事，继承了中国男人的传统，又不失老外表达爱情的浪漫，和他爸爸妈妈的爱情一样，他认为婚姻是非常需要有仪式感的。

劳胖从来不允许我在茶几和床上吃饭，连早餐的一片面包和一杯牛奶也要用精致的餐具分门别类，装于盘中放到餐桌上吃，他说不管我们是只有现在的两个人，还是以后有三两个小孩，我们都要一家人围坐在餐桌上用餐，一家人一心一意地吃晚餐，说说各自一天的见闻与心情。

现代的人生活越来越信息化，大量电子产品的介入让我们的生活方式似乎少了一些情趣，许多人喜欢在客厅吃饭，一边看电视一边应付了事。恋爱久了、结婚几年之后，许多人的生活不约而同进入“死水微澜”的状态，七年之痒并非一定要天崩地裂，有时候就是不痛不痒不远不近，味同嚼蜡。

每个人的生活中，都会有喧嚣、杂乱、无序，甚至沉沦。生活节奏越来越匆忙，生命中越来越缺乏仪式感，而没有仪式感，人生就不庄严，心就不安静。这时候，请慢下脚步，给它加入一点仪式感，这如同在咖啡里加了一点儿糖，回味无穷，美妙非常！就算是再平常的小事，带着仪式感去做，也能够对抗生活中的消极因素。

想要拥有仪式感其实很简单——约会纪念日、结婚纪念日要记得，吃一顿浪漫的烛光晚餐，若是来不及买礼物送一个深深的吻也会让人久久难忘；彼此的生日不能忘记，亲手做一个再丑的蛋糕都会令对方感动；哪怕是再普通的晚餐也可以用精致的餐具，铺上餐巾，仪式感顿生……

婚姻不仅仪式感重要，安全感也一样很重要！

新婚后有一段时间，我和劳胖忙得经常各自出差，不是他回来我又走了，就是我刚回家他又走了，经常一周都见不到一面。

有一次我飞机晚点，凌晨才回到家中，当我拖着疲惫的身体和一堆行李，打开门后，看见家里空空荡荡，才想起他已经在去伦敦的飞机上了，心也变得跟这房子一样空荡荡的，我想一回家就有老公抱抱，可是老公不在，于是很无力地躺在沙发上发呆，却突然看见茶几上放着一张小纸条，上面用英文写着：

欢迎回家宝贝！

虽然，你回来的时候，我已经不在家里了，可是我很快就会回来的，只有四天而已。

等我回来了我就抱着你睡。

好想你，我最亲爱的老婆！

顿时我的心里就像被灌满了蜜糖，感觉他好像就在我的身边一般，看到这一手歪歪斜斜丑丑的笔迹，我都想象得出他写下这张纸条时的样子，虽然我们已经相隔了半个地球，可是见字如见人，读信情深。

有些人天天在一起，可是仍然会感觉到空虚寂寞。有些人远隔天边，可是却能让人感觉到安稳幸福，不怕黑夜和孤独。

劳胖为我做的一点一滴的小事儿，给了我很多安全感，让我活在爱中，安逸自信而充满阳光。

说到他给的我的安全感，不仅是在爱情生活上，也是在对我的事业支持上。

因为在做婚纱的时候，受设计师的影响爱上了设计，觉得亲手将一件衣服从无到有的过程特别有成就感。结婚以后我跟劳胖商量，我想自己做衣服，放在某宝上卖，如果我去卖衣服，你不会觉得丢人吧？

劳胖反倒惊讶地问我：“宝贝，你怎么会觉得丢人呢？一个女人有自己的爱好和追求，并且有能力把它转化成生产力，且婚后没有丢失自己，仍然保留独立人格，这是多么难能可贵的事，我当然支持你！”

我说："可是当别人问到你老婆是做什么的时候，你回答在网上卖衣服，会不会很没面子啊？"

听到这个，他变得有些义愤填膺，说："我真的很不明白你们这代人的价值观，那种整天无所事事，养尊处优，到处拍照办 Party 的女生竟然会有很多人崇拜和羡慕，反而想靠自己能力赚钱的人，还会担心自己的工作性质被人嘲笑？我当初选择你，就是因为你有性格有想法，我也希望你跟我结婚以后能坚持做自己，只要不违法乱纪，你做什么我都支持你。"

所以后来，在他的朋友和亲戚面前，每当别人问到你老婆是做什么职业的时候，他总是大方且自豪地介绍说她是做衣服的，有些老外不懂淘宝，他就给他们介绍，这是中国的 eBay，但是比 eBay 强大方便很多，他甚至跟黛安娜王妃的管家说："你看这是她的 Logo，这是她们的 VI，我老婆做得很辛苦，但是她很快乐。"

不管面对谁，他介绍我的时候总是神采飞扬，带有些许的骄傲。

这是一种安全感，只有一个好的另一半，才可以给到的安全感，他让我觉得只要我是他的梁太太，就没有人可以欺负我、轻蔑我，让我觉得我也应该更加努力去完成自己的事业和梦想，跟上他的脚步。

好的爱情，好的婚姻，难道不就是两个人共同进步，或者你追我赶，一起并肩着成长吗？

还有一点，好的爱情也是盲目的。

说实话我并不知道劳胖爱我的什么，有一次我挤完痘痘挤得满脸都是血，走出厕所时和他碰上，他突然伸手抱住我说：“老婆你今晚好美啊……”

让我一度怀疑他是被下了什么迷魂药吗？

“可是我满脸痘痘耶……”

“没有啊，我觉得你皮肤很好！”

不知道在哪里看到过这样一段话：

“如若要结婚，一定要找一个可以在他面前尽情做自己的人，可以素颜、马尾，邋里邋遢，他不在乎你零星的痘痘，也不在意你一顿吃三碗饭加一个鸡腿，他能容忍你的喜怒无常，偶尔粗暴，他喜欢你在大街上笑得直不起腰来的样子，无论高矮胖瘦黑白美丑，他还是爱你如初。”

我想，我应该找到了这样一个人。

因为他都看不见我的痘痘！

037

环游世界的起点

前面写了那么多，看到这里，各位看官一定会以为劳胖是一个超级浪漫的人，肯定会送我很多女人梦寐以求的礼物，首饰啦包包啦衣服啦鞋子啦口红啦！

那你就错了，他送我最多的礼物都不是这些女人喜欢的东西，而是一些老年人以及他本人非常喜欢的东西……

堪称奇葩！

虽然如此，可是偏偏送礼的理由，温暖得让我想哭。

跟他在一起后，迎来了第一个我的生日，当天他就给我打电话说："老婆，你等下就回家好好等待你的惊喜吧！"

这句话对一个过生日的女人来说，意味着什么？这实在让我有太多的期待了。我幻想了很多"惊喜"，一直在激动地猜礼物会是什么！然后翻看自己的朋友圈和购物车，猜想这么细心的他会不会从里面找到什么暗示来给我买礼物？

我想既然他叫我回家等，应该是一个大件物品，难道是一大束花？他应该不会这么不切实际吧！难道是一台笔记本电脑？可是我有呀！

难道是车钥匙！是的！我非常想要一台红色的法拉利！谢谢老公！我的心已经快提到嗓子眼了，我感觉自己的承受力已经快要不行了……

我要惊喜！我要惊喜！我要惊喜！

这样想法不停地折磨着我的脑袋，然而我真的猜不中他能送我什么，每一个想法都没有十分的把握。

等待惊喜的过程，煎熬又激动！

等了半天，突然接到了他的电话，听他在电话那头着急地说："老婆老婆！你快来某某商场，我忘带钱包了！不付钱他们就不给送货，你来付下款然后提货！"

我很无语……

但是想到我的生日惊喜，还是满怀期待地去送了钱包给他，看他从商场里面搬出一个大箱子。

回到家迫不及待地打开大箱子，结果发现是……

一大箱记忆床垫和记忆枕头……

我再一次无语……

“这就是你的惊喜？”我问他：“这就是你给我的礼物吗？”

劳胖点点头，说：“是呀，我见你成天低头看手机，你的颈子都发硬了，还天天叫不舒服让我给你按摩，看你不舒服我就很心疼。你现在还很年轻，可能你还意识不到问题的严重性，等你到我爸妈那个年纪会有很多毛病，人的一生有一半时间都在床上度过，我想你睡舒服一点，现在如果不好好重视，到时候我怎么带你去环游世界啊？”

听过太多的花言巧语，收过太多浮夸的礼物，生活于这么一个真假难辨的世界中，可是只要我看着他的眼睛，就知道他说的每一句都是真心话，他是真的担心我的健康，怕以后带我环游世界的时候，我却走不动了……

所以在这几年中，劳胖送给我的礼物里面，有百分八十以上的占比，都是保健品，包括各种各样的按摩器、营养品、救命小药丸等若干；还有百分之十五，是家具用品；最后剩下百分之五，是奇怪小礼物，若干。

“我爱你，我想让你健健康康，长命百岁，我也会努力活到百岁，陪你一起看遍这个美丽的世界。”

他搂着我，睡在记忆枕头和床垫上，表示这是我们活到一百岁的开始！

038

出轨这个问题

说到“三观”，劳胖应该是最正的，跟劳胖在一起，人与人之间的相处模式会变得很简单。很多时候，他的一句话总会让我恍然大悟。

由于工作关系，他经常全国各地出差，一走就是好几天，如果我没事，他就会带着我一起飞，陪他一起去工作。

我问他会不会觉得我跟着不方便？他傲娇地说有什么不方便，全世界都知道你是我老婆，自己的老婆有什么不方便，况且你机灵懂事，是我最得力的小助手哩。

是啊，自己的老婆有什么不方便，老外无论去哪儿工作都是拖儿带母带着一家人，在外就业的首要衡量条件就是提供子女的教育支持与否，所以小到英孚的外教大到五星级酒店的总经理，基本福利都是满足其妻儿的基本生活配套。

可是在很多男人的眼里，老婆是最不方便带出去的，一提到“公事”，老婆就被无情地划在了公私分明的大门外。

无论走到哪里工作，本质目的都是为了家人的生活而奔波，而很多男人只要薪酬足够高，甚至愿意放弃陪伴妻儿相隔万里，美其名曰“一切都是为了家人而牺牲”，还总会觉得自己是“没有选择”，但其实是有的选的，舍谁弃谁而已。

换作以前，我连去男朋友单位送东西都不敢上楼，只能站在门口，怕进去被同事看见不好，可是现在，我却轻松自如地进出劳胖的公司，没有一点顾虑和压力，这些底气，都是劳胖给的。

我曾经花过很长时间跟劳胖聊过一个问题，你怎么看待男人出轨这件事，是不是这个世界上所有的男人无论老少无论贫富都会出轨，是不是真就如成龙说的那样，这是全天下每一个男人，都会犯的一个错误？

看过太多悲欢离合和婚姻惨剧，我对我和劳胖的幸福还是有一点点的侥幸，幸福在手里的时候，总是怕它会溜走，我对劳胖是万分的相信，可是我又不信这个外面的世界。

总之，是个人，有时候就会胡思乱想。

我知道我会从他的口中得到一个安心且肯定的答案，无非就是我爱你，我只爱你一个人，我爱你一生一世，绝不出轨。

只是我没料到他给的答案，竟然会这样清晰而理智，逻辑毫无问题，是一个非常实在的答案，让我再也不会想去问他关于出轨这个问题。

劳胖说："出轨是各种因素造成的，首先呢是遗传基因，我爸就没有出轨，我哥哥也没有，我不是空口无凭，我是非常了解他们，他们的兴趣不在那里，这完全是由个人的价值观和家庭影响决定，我和他们同一个血脉，同一个家庭，同样的价值观，所以我也不会。其次呢，会出轨的男人怎么都会出轨，这是不以另一半是谁为转移的，是各种先天后天的因素造成的，所以不管自己的另一半有多优秀、有多完美、有多漂亮，他都会出轨，并且有了第一次就会有第二三四五六次，永远不能相信他们会改邪归正，因为他们出轨并不是为了伤害你，而是为了满足自己的虚荣心、成就感和存在感。我不能保证地说余下的几十年中，我绝对不会对遇见的其他异性有爱慕、有欣赏，但是有了家庭以后，我就绝对不会允许自己去把这种心情转化成爱情，也更不可能因为什么所谓的红颜去背叛自己的家庭，抛弃自己的骨肉。

你是我耐心等待了三十多年，选择确定并最后决定要娶的女人，那么一定是这三十多年以来，我觉得性格、相貌、家庭成员以及各方面都最满意、最喜欢的一个女人，我好不容易把自己对爱情的全部激情和浪漫，对生活的所有热情和热爱都用到了这个女人身上，又花了这么些年的时间与你磨合并孕育子女，要我因为后面遇见的别的什么女人就轻易舍弃自己苦心经营的家庭，只为了一时的冲动和欢愉？这是绝对不可能的！”

我不依不饶地继续问：“那如果不以背弃自己的家庭为代价呢？偶尔一次的出轨，家人根本不可能知道呢？”

劳胖说：“这就是看你愿意冒多大风险去满足你的一时之快了，反正我觉得非常无聊。有的人年轻的时候没经历过，见的不够多，可能会经不住诱惑。别忘了，我可是交过各式各样的女朋友，什么样的恋爱经历我都体验过了，本质都一样。所以呢，现在的我真心没有那个兴趣把心思放在这些地方，我只想好好地和你过好我们的小日子，这已经花费我好多精力啦！

因为我从小看着我爸对我妈，无论走到哪里都带着，我哥哥也是这样对嫂子，即便两夫妻有时候小吵小闹，那也不会动换个老婆的念想，在我们心里，婚姻是神圣的，并不是今天遇到一个喜欢的可以结个婚，明天遇到另一个心仪的又可以结束上一段再组成另一个家庭。在我们家里没有离婚这一说法，也不允许离婚这种事发生。有的家庭，如果儿子出轨了父母会原谅、会偏袒，但我不会也不敢，如果让我父母知道，我肯定会被他们狠狠地谴责。

两个人能结为夫妻是缘分，人生在世，有存有亡，有聚有散，其中契机，全系于一个缘字。如果有一天当你走在大街上，有人对你微微一笑，这也有可能在后世就是一个新的缘起。缘起到底在哪里？他就在一个人的起心动念之间。这个念的善恶也决定着后世缘的结果，是善缘还是恶缘。

我相信命中注定，就像我一直在想，我不知道为什么来到成都，然后就决定留在这里发展，可能就是为了来遇到你吧！我从那么远的地方，漂洋过海才找到你当我的老婆，这得是多么铁的一段姻缘啊，这得是我上辈子做了多少好事，老天爷才会把这人间最美好的东西恩赐于我。”

劳胖是信佛的，说起这些前世因果头头是道，我很认真地听完劳胖讲这番话，此时此刻他说的一定是他的真心话，但是我想就算现在他真的这样想，也不敢保证几十年后他还这样想，世界上唯一不变的就是变化。

而让我唯一能够信任的一点，就是对劳胖，他这个人的了解。

对劳胖这种有信仰、有正确“三观”的人来说，起码背叛婚姻的“违法成本”要高很多，他会承受来自父母的谴责和自己良心的谴责，他最难过的是自己那一关。

而大多数那些轻易就出轨的男人，从小父母就没有好好教育他们要尊重女人，甚至可能自己从小就看见自己的父亲不尊重母亲，在外有各种孽缘，所以他们自然会觉得这是稀松平常的事。

“好啦，我现在相信你不会出轨。”

劳胖一脸“所以你问我这个问题，不是为了讨论这个社会热点，而是在质疑我？”的不可置信，嘟囔着说起气话：“我肯定不会！……你不相信我……我还不相信你呢！”

039

一大家子的蜜月之行

我的家人和劳胖的家人，仿佛就像我们一见钟情一样，一见如故。

圣诞节对于劳胖家，是跟春节一样重要的节日，所以他们早早地开始装扮圣诞树、准备圣诞节的礼物。在平安夜，所有的亲人都聚在一起，吃火鸡、吃姜饼、吃树干蛋糕。

那一年圣诞节的时间，恰好临近我香港的婚礼，我爸爸妈妈也提前到了香港，于是也加入这个圣诞大家庭，同劳胖一家人一起度过了那年的平安夜，我们唱歌、玩游戏、互相赠送礼物，把酒言欢。

我本是有一点担心我父母会感觉生分，无法融入还比较陌生的大家庭，结果那一晚他们玩得非常开心，因为我公公婆婆周到的招呼，因为劳胖的照顾，让当时的我，丨分感激他们能待我父母像自己亲人一样。

当然，两家人玩得一见如故，所以也促成了后面的一大家子的蜜月之行。

劳胖一直说欠我一个真正的蜜月之行，恰逢刚办完香港的婚礼，而双方父母都在，所以公公做主干脆组织一次“一家人的蜜月”。

于是乎，劳胖哥哥、姐姐、姐夫、公公婆婆，还有我爸我妈，以及我们这一对新婚小夫妻，就这么一起踏上了此次蜜月之行。

这可是我在梦里都完全不敢想象的画面，我的爸爸妈妈，和我老公的爸爸妈妈、兄弟姐妹一起结伴旅行，且一路欢声笑语无比和谐。

姐夫是一个一句中文都不会说的英国人，我爸是一个一句英文都不会说的中国人，没想到的是，他们两个人竟然能一路谈天说地把酒言欢，当然我也不知道他们到底是怎么沟通的，大概就是嘻嘻哈哈动作加零星的语言，就是这样，也能玩成忘年之交！

从来不喜欢照相的几个大小男人竟然还主动要求我们给他们拍合照，而且还要各种姿势的，各种耍酷的，各种有趣的搞怪的，全部都要拍！对照片的要求多起来，比女生还多！可见他们是玩得非常之开心，完全释放了天性！

躺在沙滩上晒着太阳的我，一转头居然看见我妈妈和我婆婆手牵手在不远处的索桥上逛……

这画面太美我不敢看……

我问劳胖："好奇怪，为什么我们两个人才认识不久就认定是对方了？我们两个家庭也是，玩得跟认识了很多年一样，原来我还很担心，这么多人的旅行需要照顾方方面面，现在看来完全没有必要。"

劳胖哈哈大笑起来："这就是上天注定的缘分！所以，我能娶到你，是多么幸运的一件事！"

在度蜜月期间，遇上了我们领证一周年的日子，我们有太多太多的纪念日，但每一个劳胖都记得清清楚楚。

我遇见过承诺要照顾我一生一世的人。

我遇见过承诺要爱我到永远的人。

我遇见过太多太多，这一世遇到过很多人，许下了无数的诺言，然而最终形同陌路。

劳胖从未口头给过我任何承诺，但却把我说过的每一个愿望都记在心里，默默去实现。

我说过我想跟他一起去潜水，把我们的名字写在海底的沙床上，于是在领证一周年的那一天，他真的预订了附近海岛的行程，带我去潜水。选择这样一个特别的方式来庆祝我们的Anniversary，也正因为与我们的所爱迟早都会分开，才会觉得这一分一秒都不愿意浪费。

040

虚惊一场的惊喜

惊喜，就是在意料之外到来的欢喜事情。

年后的早春，春暖花开，万物复苏。

俗话说得好，一年之计在于春，当时忙于事业的我，正天南地北当着空中飞人，今天这里开会，明天那里考察进货，每天早上六点天还没亮就拉着行李箱出门，凌晨才回家的日子，数都数不过来。

从早到晚，不是在工作就是在去工作的路上，突然有一天，在酒店里我发现自己见了红，粗心大意的我以为是大姨妈，当时并没有在意。

也许冥冥之中自有定数。

说来也巧，刚好我爸妈突发兴致说要跟我去广州玩几天，要知道以前不管我去哪儿出差，他们都没想要和我一起去过。

白天我们去看面料，他们就去逛中山纪念堂，逛逛沙面，晚上再汇合一起吃饭。

饭桌上，我跟我妈说肚子好痛，我妈也不知道怎么的，突然冷不丁地说了一句你这症状不会是宫外孕吧？

我心想我还在吃避孕药呢，怀孕都不可能！怎么可能会有宫外孕……

所以并没有放在心上，我妈知道我还在避孕后，也觉得不可能，所以也没有再多问。

后面当我们到了香港，可能是拖着大包小箱的行李到处走，我连续几天都出现了小腹刺痛、出血等症状。

我妈这才又重新提起这个疑虑，担心地说："肯定是宫外孕！你必须去医院查一查！"

我觉得妈妈因为太担心，所以才大惊小怪，但为了照顾我妈的情绪，我还是买了一盒验孕棒，给她一个自己没有怀孕的结果，好让她放心。

但是万万没想到的是……

两条红杠！

看到两条红杠的时候，我就傻眼了！

阳性……

我曾无数次幻想过当自己测出验孕棒两条红杠时的情景，我可能会激动地尖叫，会感动地流泪，会兴奋地马上跟闺蜜报喜，跟全世界分享这个好消息，跟老公准备一个特别的方式告诉他，你要当爸爸啦！我要当妈妈啦！

然而当时，我的脑子只有一片空白……

只记得当时我走出卫生间，看见我爸妈站在远处一直望着我，见我出来后，妈妈焦急地跑上来问："怎么样？"

我感觉自己虚汗阵阵，有气无力地说："妈，我完了，中了。"

我妈妈说："不可能你开玩笑的吧！"

见我低着头已经要哭了的样子，我爸脸色大变立刻说："走，赶紧回成都！不准再工作了！"

于是我们立即买了机票，收拾好行李返蓉。回程的路上，气氛异常凝重，从安检到落地，我爸爸没说过一句话，脸上的那种凝重我已经好多年没看见过了……

倒是我妈，一路上一直说完了完了肯定是宫外孕！

我和朋友不停地安慰她不一定是宫外孕啊，万一是宫内呢，好多人怀孕初期都有见红啊，我妈焦急地不停地打断我们：不可能！她流了这么多血，痛的位置和痛法也跟我当初一模一样，我太了解了，就是宫外孕！

那个时候，我才知道原来我妈也遭受过一次宫外孕。医生误诊是阑尾炎，手术打开了才发现不是，让我妈差点儿丢了性命，我也明白了爸爸神色这么凝重的原因。

因为，他怕，怕可能失去我。

午夜十二点，飞机一落地，劳胖火急火燎地来接我们直奔医院，挂了急诊做 B 超，想确定是不是宫外孕，但 B 超显示宫内什么都看不到，无法排除宫外孕，结合查血结果来看，HCG 三千多怀孕已经二十多天了，但黄体酮才 9.78，不外乎三种可能：

（1）宫外孕；

（2）先兆流产；

（3）强行保胎也有可能长到一定程度因为黄体酮不足而胎停。

医生见怪不怪，直接问道：“保不保？！”

我说：“保！”

她继续说道:“那先给你说清楚，就算保也可能流啊，而且还有副作用，你自己都清楚了，来签字，然后去打针，回家躺着，别下床，下周来做B超看宫内有没有！”

宝宝这个惊喜，来得太突然……这消息还来得喜忧参半，一时之间，我和劳胖也不知道是应该哭还是应该笑。

于是我便开始了长达三个月的保胎生涯…

担惊受怕的三个月……

首先是绝对卧床，真的除了吃喝拉撒，其他的时间都得平躺在床上，每天不是在床上就是在去床上的路上，就这么躺到一个月，躺到我都怀疑自己成了植物人，那个时候，才体会到躺着绝对比每天在外面跑着、累着难受一百倍啊……

然后就是关于打针这件事，劳胖的表哥是香港非常有名的妇产科教授，他的亲哥是英国医学博士，表哥和哥哥从头到尾都坚决反对打针，因为注射的黄体酮其实就是雌激素，大量注射雌激素会导致人发胖变形甚至增加患乳腺癌的风险，抛开这些副作用不说，国外专门做了很多实验，都证明在治疗先兆流产这项临床医学中注射了黄体酮和没注射的孕妇流不流产的概率是一样的，换句话说就是即便你打了针，该流的还是会流，这是由胚胎质量决定的，唯一能降低流产风险的有效方式就是绝对卧床休息，国外早就不查黄体酮这项指标了，没有参考意义。

然而咨询了很多国内医院，医生都告诉我必须打，打了以后黄体酮才会升起来，不升就会流产。可能从小到大都被中国医生的“过度治疗”医学主张吓怕了，我还是决定打，什么长胖变形得癌症我都不在乎，我唯一的愿望就是用尽一切办法保住这个孩子，因为这是我和劳胖的孩子。

在打针问题上的分歧，让我狠狠地感动了一把，因为劳胖和他父母都坚决不同意我打，劳胖那个时候正在香港，他怕口头上跟我说，我会不重视，于是还发了一封长长的邮件让我务必看完。

他在邮件里说：“宝贝，对我来说最重要的是你！任何可能会让你身体受伤害的东西都不值得，就算是孩子，那也不行！如果我们和这个孩子缘分还没有到，那我们还可以有下一个，可是如果你的身体有什么事，我承受不了，退一万步说，就算你跟我一辈子都没有孩子，我也觉得OK，我们可以养两条狗，老了可以到处去旅行……重要的是你，其他的随缘。”

看完邮件的我，哭得稀里哗啦，我相信他说的这些话，因为他家确实有几对长辈都是膝下无子，但却相濡以沫到晚年，现在满世界去旅行玩耍。劳胖的父母也专门打了好几通电话来，再三叮嘱叫我一定答应他们不要打针，顺其自然就好。

我是何其有幸，能有这样善解人意、开明的公公婆婆，他们待我如同亲生女儿一样，真心地关心我的身体状况。

可是太想保住这个孩子，所以还是瞒着劳胖和公公婆婆开始打针，这一打就是三个月。

黄体酮是纯油剂，分子大很难吸收，每天三支，打了二十天左右两边屁股就开始肿了，再打就怎么都推不进去，硬推进去针头一拔出来就开始冒油，我妈只有每天给我热敷，帮助油剂快点吸收，那种滋味真是现在想起来还心有余悸。

然而打了十多天以后去复查，黄体酮还是没有涨起来。不过好消息是B超显示发现宫内孕囊，终于能排除宫外孕了！

看见报告单我妈都快激动得哭出来，我知道她都准备好带我去手术了……

我也终于放下了心中的一块大石头，谢天谢地！

宝宝来得太惊喜，还带着惊吓，幸好这一切都是虚惊一场！

这也更让我坚定了，我和宝宝的缘分很深，我一定要拼尽一切让他来到这个世界！

041

为了你，酸甜苦辣都吃尽

排除了宫外孕之后，接卜来就是等胎心胎芽，因为黄体酮没升起来，所以每隔几天就要去查血监测，两边手臂都被扎得找不到血管了。我在网上查了很多资料，都说黄体酮持续这么低，宝宝保住的可能性很小，有可能也等不到胎心胎芽。那个时候我已经在家躺了一个多月了，每一天数着时间过日子，每一晚都失眠，祈祷宝宝能顺利长大，祈祷自己能够守到云开。

有一天，我随意地发了一条无关紧要的微博，微博说的是别的事情，照片也不是怀孕时候的照片，但不知为什么，好像所有人都心有灵犀一样，竟然都猜到了这件事，有人祝福我，有人说知道我怀孕比自己怀孕还激动，有人教我怀孕期间要注意的事项……

平时最喜欢和朋友们互动的我，这一次没有去回任一条留言，因为那个时候连胎心都还没有，我不知道他最终的命运是什么，我不敢承认也不想承认，大家的一片赤诚祝福我却没有这么幸运。但这几百条留言，却给了我莫大的勇气和信心，我看着手机痛痛快快地哭了一场，谢谢当时莫名猜测、热心留言的那些人，谢谢你们给了我继续前行的勇气！

怀孕这么久，除了家里几个人以外没告诉过任何人，可在这一晚，却有那么多素不相识的人祝福我和我的孩子，也是在这一晚，我决定不再消极面对，我开始每天早上吃鸡蛋喝豆浆，不管结果如何我都积极去面对，不想辜负这么多善良的好人们的一片好心。

当你想要朝着一个方向努力的时候，真的全世界都会来帮你。

之后再去做 B 超，奇迹真的发生了，可见胎心胎芽！还听到很强壮的心跳声！

顾不了旁边的医生和护士，我躺在 B 超床上一下子就哭出来了，我知道对于很多孕妇来说，第一次发现怀孕去做 B 超的时候就已经有胎心胎芽了，这对于她们再平常不过，可对于我这种发现得特别早，又经历了这么多次 B 超等待以后才听见胎心的人来说真的太不容易了…

接下来开始积极保胎，像坐牢一样，每天有十分钟的放风时间可以走出院子听听鸟叫闻闻花香。

本以为我不会孕吐，那些吐得要死要活的人就是矫情，结果到了两个月我才开始体会到折磨死人的孕吐……那段时间真的是闻到什么都想吐，香皂味牙膏味统统觉得恶心至极，隔壁老王在炖汤放了一根葱我都能闻得到……

比孕吐更要命的是胃痛，只要胃一空就剧痛难忍，只能靠不停地塞食物填充胃壁来缓解疼痛。夜晚尤其严重，所以每晚我都准备着一块馒头在床头，一疼就立即起来塞馒头，这样才能勉强入睡。

2016 年的 4 月 10 日。怀孕两个月零六天，人生中最特别的一个生日，劳胖的姐姐来中国出差，在我生日前一天专门赶到我所在城市看望我，劳胖第二天也从香港回来专门陪我过生日，那天晚上，爸妈简单做了几个菜，煮了一碗长寿面，隔着我的肚子“喂”他们的外孙喝了茅台。

那天我二十九岁了，家人在一起，简单却很温馨。

我妈说自打我高中毕业以后，就没有像这样在家里住过这么久了，都好多年好多年没有这样跟我朝夕相处了，等满三个月后我就走了，她还真有点儿舍不得。

说着说着她就开始抹眼泪，我爸说别说了，快许愿吧！

从小到大的生日我都会许好多个愿望，人就是因为太贪心才会有那么多得失，而这次，我只许了一个愿望：

愿我的宝宝能顺顺利利平平安安来到这个世界。

终于熬满三个月了。

三个月……宫外孕、先兆流产、胎停这些字眼充斥着我的生活，变成我深深的恐惧，但好在人定可以胜天。那天我写下了一篇长长的日记，纪念我这漫长而特别的怀孕经历。

我开始相信他表哥和哥哥说的都是对的，我打针打了三个月，而且比常人剂量都大，但我的黄体酮始终没上过三十，如果照国内医生的主张，我应该早就流产了。国外几年前就不查黄体酮了也是事实，如果黄体酮指标真的决定流产与否，那国外孕妇早就遭殃了。所以我总结出来一个道理，黄体酮低并不可怕，遵循自然界优胜劣汰的定律，相信我们的宝宝，该来的终究会来。

孕育生命不容易，人活着更不容易，反倒感谢这次小小的“磨难”，三个月在漫长的一生中渺小到不足挂齿，但却让我体会到人在特殊境遇中所感悟到的能量和爱。就当它是一篇保胎日记吧，以一种不矫情的方式记录下它，让我时刻铭记生命的珍贵。

不久后我和劳胖到香港建卡、做体检。

那是我三个月以来第一次出门，在飞机上劳胖说：“来我们一家三口合个影，纪念一下我们第一次一起坐飞机。”

我双手摸着肚子，感受着他的心跳与温度，对着镜头，宝宝，一二三笑……

042

孕期趣事

自从我怀孕后，在成都家里保胎的日子中，最期待的就是劳胖每周末从香港回来看望我的时候。

因为他每一次回来，行李箱一打开，全是各种稀奇古怪的母婴产品，得意地向我展示："老婆你知道这个是什么？老婆你知道这个又是做什么的吗？"

我心里可高兴了，看他每周一次的母婴产品大展示，是我保胎时期的最大乐趣！不过我嘴上还是嫌弃说你这么早买干吗，都不知道这些东西用不用得到！当时心里还是对宝宝的未来有些担心，所以不敢表现出大太的兴趣，和他一起参与计划有关宝宝的一切。

他一脸骄傲地说：“你看，我已经是某某母婴城的会员啦！”

虽然我一再强调，少买一点少买一点，可是劳胖却不听我的，自己每次回香港都偷偷买了好多。

以至于后来我们到了香港，逛到一家专柜，售货员居然跟他打招呼：“梁先生，您又来啦！这次要买些什么呢？哇，这就是您太太呀。从来没见过她耶。”

接着售货员仔细打量了我一番，激动地对着我说：“梁太太，您的先生好细心哦，每次来买东西都问要先用什么、再用什么，怕记不下来，就自己带个小本子我们边说他边记……”

听到这里，我站在原地，眼泪忍不住地流。

谢谢劳胖，谢谢他用这样的一种肯定的方式给我安慰，给当时的我打定心针。

保胎期间，我在家里无聊至极，劳胖直接抱了一台电视回来，安在卧室房间，让我可以追追美剧，这样可以快一点打发时间，结果我一部美剧没追，却追完了《远古外星人》纪录片全集，搞得我那段时间做梦都梦到我怀了个外星人的后裔，他还用外星语叫我妈妈……还让我用外星语给他取名字……

后来在去香港的飞机上，我和劳胖聊到了宝宝的名字，劳胖认真地思考了很久，说："是儿子就叫梁飞龙，女儿就叫梁飞凤吧！"

听到这两个名字，我瞬间一口气上不来………

我以为他在开玩笑，结果他一脸不解地望着我问："怎么了，不好吗？我觉得很好啊，很有中华气魄呢！"

气得后来我在"家和万事兴"的群里说了这个事，全家人笑得人仰马翻，并对他的中文审美进行了一番集体嘲笑，然后我的公公义不容辞地站出来说："呐，Lawrence 呢，中文不好，这个让我来。"

两天后，我们收到一封来自公公的邮件，里面详细地列出了四大篇名字，其中不乏梁卫国、梁景涛、梁达夫、梁存儒、梁祖名、梁永琪、梁美姬、梁嘉玲、梁丽娟等荡气回肠的天籁之作。

感谢公公如此用心地帮我们的宝宝想名字，可是……

这是一封男默女泪的邮件……

劳胖沉默良久，说我儿子可能要发达了……

怀孕期间的某一天，劳胖早早地下班回家接我，并叮嘱我一定穿得漂亮点，要带我出去过节，我说过什么节，他说母亲节啊！

那一天，他带我坐了中环的摩天轮，吃了大餐……

我说我实在想喝一杯冰咖啡，他说那好，今天是属于你的特殊节日，我就给你抿一口，只有一口哦。

然后我深深地吸了一大口，过足了三个多月没过的咖啡瘾。

回家之前，他不知从哪里掏出来一个小蛋糕，上面插着Happy Mother's Day的纸牌，母亲这个称呼，对我来说太沉重，或许我还没准备好当一个合格的母亲，而我已经准备了太久太久去迎接我的小天使的降临。

手里捧着这块蛋糕，心里说不出来的五味杂陈。

“我怕我当不好妈妈，怎么办？”怀孕的女人，情绪总是反反复复。

看到我快哭了的样子，劳胖抱着我，哄我开心说：“不怕，你还有我。你当不好妈妈，我就又当妈妈又当爸爸。”

他这话一出，弄得我一下破涕为笑。

“如果是女儿，她一定和你一样，古灵精怪又可爱，很好带！你当妈妈不会操很多心的。”

“儿子呢？”

“也像你最好，就是身高像我就行，哈哈！”

是儿子还是女儿，也是我怀孕期间，和劳胖最喜欢说的话题。

我觉得儿子和女儿都想要，恨不得一次儿女双全。

劳胖呢，一直坚持要女儿，要女儿，要女儿！

后来无创 DNA 的结果出来了，表哥把检查结果以传真的方式传到我们家里，劳胖一路飞奔回来，路上还打电话给我说快去收传真，我赶紧跑到传真机面前守着，又紧张又激动，心扑通扑通地跳，那种心情跟当年查询高考分数一模一样。

最终拿到那张报告，上面写着醒目的“Female”。

女儿！！是女儿！！！是劳胖梦寐以求的女儿！！！

我快速浏览了那张报告，无染色体异常、无唐氏综合征、无爱德华氏综合征、无帕陶氏综合征，其他检查均一切正常！我当时激动地抱着这张纸贴在胸口失声痛哭……

然后和飞奔回家的劳胖抱在一起，两个人开心得跟什么似的。

“是女儿？是女儿！太好了！是女儿！哈哈哈哈哈……”劳胖反复叨叨着这个巨大的惊喜。

B 超单上已经能看得出女儿清晰的四肢轮廓了，还能看见微弱的小心脏跳动的痕迹，我和劳胖躺在床上，一遍又一遍地看着录的这段B超视频，劳胖拿起笔，在手机上开始画，我问他在画什么？

他说："我在给我的女儿画她人生的第一幅肖像！"

对于那幅我们宝宝的人生第一张画像，我只能说爸爸的心意最重要！

孕期是个漫长而值得回味的过程，却也发生了很多有趣的事情。

六个月的时候，我也顺利度过了危险期进入了最舒服的孕中期，劳胖也因工作很久没有休过假了，我们想到卸货后很长一段时间都不能出远门了，于是就计划去近一点的邻国旅行。

爸妈不放心我挺着个大肚子出远门，所以也要跟着一起去，我有个小拖油瓶妹妹知道了也吵着要去，还有侄女和嫂子，于是我们一家七口，加肚子里的女儿一同踏上了我们的旅程。

一路上车疲鞍累，每天晚上到酒店全体人都脚趴手软地瘫在地上，我知道劳胖也累，可他总是会仔细观察考虑，然后先于我们提出解决方案。

比如，他看见我们都不想再出门找吃的了，他就会说："你们都休整一下喝口水吧，我出去逛逛。"

然后不一会儿，就看见他大包小包地把所有人的晚餐都带回来了，我瞧他满头大汗，手都被塑料袋勒红了，心疼地埋怨他："你怎么不叫我爸一起陪你去拿！"

他笑着说："如果征求大家的意见，爸爸肯定会陪我一同出去打包，但看爸爸走了这么多天了，老人家已经很累了，我就不忍心再叫他了。"

我们所有人都累得在地上睡着了，劳胖就一床一床地把柜子里的被子抱出来给我们盖上，被子盖在身上，暖在心里。

看见他这样对我的父母，有时候怀疑他才是他们亲生的，我也深知他对我家里人的好，并不是做做样子，而是发自内心的。

在三十七度烈日当头的游乐场，气温高得令人发指，我们躲在冷饮店里吹空调，已经没有任何心思再出去玩任何项目。

侄女还是个小孩子，实在想坐过山车，看了看要顶着烈日排两小时的队，再坐上滚烫的车体，嫂子劝她算了，这样排下去会中暑的。劳胖起身说"uncle 陪你去吧"！

于是带着她真的去排了两个多小时的队，回来的时候汗水已经把衣服全部打湿了，我真的佩服他对小朋友的耐心，心里也想到我的女儿以后有这样的爸爸，该是多么的幸福。

那个时候，我的肚子已经很大了，走路都有点儿不方便，但行程众多还是得挺着个大肚子每日奔走。劳胖对我照顾有加，渴了饿了都第一时间送到，丝毫没有一丝怠慢，我爸妈一路上也把这一切看在眼里，对他的满意和喜爱更甚以往。

我和劳胖有一个共同点，都爱睡懒觉，以前出门旅行从来不吃早餐，睡够了才开始一天的行程。而这一次旅行，他每天早上都定好闹钟，拖着我起床下楼去吃早餐，因为“他女儿要吃早餐”，酒店准备的早餐很丰盛，我却因为妊娠反应什么胃口都没有，他就坐到我面前，一口一口地喂我吃蛋，吃鱼，并边喂边说“女儿要吃蛋呀，女儿爱吃鱼啊，妈妈快吃一口传给女儿嘛……”

弄的周围人集体翻白眼……

旅途中迎来了劳胖三十三岁的生日，我们也策划好给他一个惊喜，我早早地预订了晚餐，拜托酒店工作人员提前帮我订好了蛋糕，爸爸、妹妹、侄女所有人都精心为他准备了一份生日礼物。

大家入席以后突然灯一关，我捧着蛋糕唱着生日歌走进来，劳胖感动地摸着我肚子说：“今年是最后一年爸爸妈妈单独过生日咯，明年就是三个人了。可是你让妈妈长点心吧，爸爸今年三十三，不是三十四，每一年的蜡烛都没有选对过数字，还有，爸爸的名字别再写错了……”

甜蜜而温馨的一晚。

而妹妹作为一个单身汪，第一次跟我们一同出游，全程记录着我跟劳胖的日常，最后被虐得发誓再也不跟我们一起出去了，但二十二岁还没大学毕业的她，回家跟她妈妈说，竟然有了种想结婚生娃的冲动……

有一次妹妹不小心路过，看见我和劳胖在排队上厕所的走廊紧紧抱在一起。她便拿手机拍了下来，事后很不解地问：“为什么你们能够在厕所门口排队的时候，抱出生离死别的感觉？”

我说：“爱情，懂？”

妹妹气得说：“不懂不懂，就你懂完了。”

我笑着说：“我以前是觉得自己懂完了，可是遇见劳胖后，感觉自己才刚刚开始呢！”

劳胖确实给我带来了很多不一样的东西，而且全部都是正能量的东西。

记得离开前一天的那个晚上，我们在新闻里看到了有一个很知名的艺术装置展览正在我们所在的城市举行，而我们第二天就要乘高铁离开。因为妹妹是学设计的，想要去看这个艺术展，所以我们就临时决定第二天一大早陪她去。

我父母不想去艺术展就留在酒店。

这就出现了一个问题，留下一大堆行李，我爸妈拿不完，而我们又不可能大包小包地带去观展，所以经过商量决定我们四个年轻人一早起来，先一人拿一个行李送到高铁站寄存（因为高铁站就在去看展览的必经之路上），剩下的行李由我爸妈中午直接带去车站。

可是第二天早上我们集体睡过了时间，眼看展览就要开始了，慌乱之中，我就提议赶紧出门，行李就全部留给我爸妈，让他们想办法拿去车站。

这时，劳胖一把把我拉进厕所，将门锁上，然后语重心长地跟我说了下面一番话：

“是因为我们起晚了，耽误了寄存行李的时间，你怎么能让你爸妈去拿那么多行李呢？他们拿不拿得下是一回事，但我们的错误，怎么能转嫁到你父母身上去让他们来承担呢？我知道你觉得这没什么，你爸妈也愿意这样做，可是我想说的是，我们的女儿马上要出生了，今后我们也要这样教育她，这是原则，以后她如果犯同样的错误，你能理解支持并站在我这边吗？”

我听完以后十分惭愧，走出厕所，我跟我爸妈说行李我们先拿一部分走，你们再睡会儿，待会儿高铁站见。

后来我才知道当时在外面的嫂子、侄女和我爸妈都听到了这番话，而这番话给当场的每一个人心里都产生了巨大的震荡。

我爸妈听到后眼泛泪花，感慨能有一个如此明事理、能为他们着想的女婿，嫂子听到后反思自己对父母的态度和对自己孩子的教育方式，侄女听到后检讨自己对妈妈的态度并回去后写了一篇很深刻的感想。

而我，更加肯定我和劳胖的结合是无比明智的选择。

我总是能从劳胖身上学到很多做人的道理，而以他的方式和语气说出来，我最能欣然接受。

那趟旅行给我难熬的孕期留下了一堆有意义的照片和欢乐的记忆。等以后女儿大了，翻出这些珍贵的照片，说你看这是你在妈妈肚子里的时候，那时候爸爸那么帅妈妈那么年轻，最重要的是遇上你爸爸，是妈妈这辈子最重要的事。

在劳胖的面前，我才不是董完了，我什么都不太懂。

余生漫长，还要请他多多指教！

043

欢迎来到这个世界

从婆婆那里听来一个说法，说宝宝的东西准备早了宝宝会小气。所以她一直不让我提前给女儿买任何婴儿用品，也不准劳胖再继续毫无节制地购买婴儿用品。

据说在生姐姐之前，她陪公公到非洲做工程的时候已经有五个月身孕，怕非洲买不到东西，所以提前买了好多漂亮的小衣服、小玩具带到非洲，但不知何因却突然流产了。

虽然这只是一个迷信的说法，但我太怕失去宝宝了，等到今天太不容易了，所以直到八个月，快要临盆的时候，才开始给她准备各种东西。

终于到了国庆节，进入足月期，也就是说从现在开始不管什么时候出生，都不算早产了，我一路坎坷、成天提心吊胆悬着的心终于可以落地了，安心在香港待产，准备迎接最后的胜利。

为了帮助顺产，需要每天多走动，于是我们就天天上街买宝宝的东西，对女人来说，shopping 肯定是最好、还不会累的锻炼方法。

婴儿车是我为宝宝准备的第一个礼物。

选婴儿车的时候，劳胖每进一家店都会把这个牌子所有的款都自己亲自拆下来再装好，然后一款一款地跟售货员海聊……

一家店一进去就半小时以上，连我这种爱逛街的人，耐心都已经被消耗到极限，终于忍不住发火了！

没想到他却说："老婆你不要急，我必须知道每款车的重量和拆下来所要花的时间，如果我不在，需要你一个人组装，像现在这么热的天气，以你的力气三分钟之内装不好这款车就不能用……"

他说完后，整个店都安静了，我和售货员对视了一眼，发现我们哽咽的同时眼眶里都有泪珠在打转……

终于挨到了三十九周，我开始通宵失眠，到了整个孕晚期最难熬的时期，眼皮和嘴肿得像两片肥香肠挂在脸上，腿上一按一个坑，走两步子宫尿道就刺痛，腰背耻骨酸疼，呼吸困难，不能翻身。

之前还嘲笑别的孕妇矫情，无病呻吟，现在终于体会到大家的不易了……但这一切都是我甜蜜的负担，都可能成为我们今后最为怀恋的合体的日子。

2016 年 10 月 31 日，我迎来了我生命的最重要的一部分，我们的 Avery……

其实那个晚上我早有预感，我知道就是今天了，我已经感觉到她的迫不及待了。

凌晨四点，我开始阵痛，但我不确定是不是假性宫缩，所以没有叫醒旁边的劳胖。可是痛感越来越明显，时间间隔也越来越短，我在床上已经躺不住了，于是起身来到厕所，我也不知道干什么能缓解阵痛，就坐在马桶上，有几下子宫的剧烈收缩让我叫出了声来，那时候看了看表，六点过了，我想再忍忍，忍到八九点，大家都起床了，就让他们送我去医院，因为一直听人说顺产要等很久，我不想到了医院又让他们着急地在外面等那么久……

直到后来突然觉得不对，呀，见红了，我这才慌张地赶紧把劳胖叫起来。

劳胖一听见红了，整个人“噌”的一声从床上跳起来，衣服都没来得及穿就去敲我爸妈的门:“爸爸爸爸……晓洵要……生……生了！！！”

我妈赶紧起来煮了个荷包蛋给我，说别慌，没那么快，还要等宫口开，羊水没破就不急。

结果刚说完这句话，我腿下就一摊水，羊水破了！！！

我们赶紧收拾东西去医院，在去医院的路上，我的宫缩就已经达到每分钟一次的频率了，我妈安慰我说你这样应该生得快，宫口很快就开完了。

到了医院护士见破了羊水，立即推到产房，跟家属隔离，我心想应该马上就能见到女儿了。

怎料一进去，就是十个小时……

那整整十小时的阵痛，我一辈子都不会忘记。

我不知道怎么形容开宫口那种痛，我知道生孩子疼，我也做好了心理准备去承受这种疼，但我真没想到，会有那么疼……

好比切掉一根手指砍掉一条腿，而且每十几秒一次，才刚缓下来立即又开始，周围能抓的东西都被我抓烂了……

护士先是给我上呼吸麻醉，但那种轻度麻醉只会让你头晕晕的，对疼痛其实并没有多大的缓解作用，坚持了五个多小时后表哥来了，表哥进来跟护士做了一番对接，检查了一下我宫口的情况，然后握着我的手问我怎么样。

我努力想睁开眼睛但睁不开，想说话也没力气，劳胖也跟着进来了，迷迷糊糊中，我听见表哥跟他说才开了三指，打催产素吧，宫口开得快点。

表哥凑到我耳边来说，催产针打了会更痛一点，你要是忍耐不住了就告诉我。

我点点头说好。

静脉注射了催产针后，疼痛翻江倒海地来得更猛烈了，从之前半分钟一次变成十秒一次，我实在忍受不住就叫出了声。

劳胖听到我的叫声就拉住我的手，一直在我耳边说着什么，但我已经完全听不清了，我疼得满身大汗，筋疲力尽，慢慢的周围的声音越来越小，直到什么都听不见了……

我休克了……

护士连忙过来在我脸上拍打，说醒醒，醒醒，边打边叫医生，我又稍微清醒了一点……

后来表哥进来跟劳胖说我这样撑不住，现在开到六指，到开十指的时候就已经没力气了，还是上无痛吧。

劳胖问无痛副作用大不大，会不会影响中枢神经，表哥说打得好就不会，内地好多产妇都不愿意上无痛，但其实副作用没有想得那么严重，我女儿生 baby 也上的无痛。

劳胖说好，马上打。

过了一会儿进来一个护士拿了一堆文件让我签，我当时连笔都握不紧，护士握着我的手，按在纸上，我用力随笔画了一个圈，我从来没想过有一种痛是可以痛到连自己名字都写不出来……

麻醉师拿着一只长长的针管进来了，先是往我的静脉里注射了些什么，然后几个护士把我抬起来翻转侧卧，我感觉到一根有铅笔那么长的针从我的脊椎打进去，接着拔出来又打进去。

慢慢地，我听见周围的人说话变得慢了起来，就像按了慢放键一样，我感觉进入了另外一个世界，后面想起来可能吸毒的人产生幻觉就是那种感觉。

几分钟后麻药开始起作用，宫缩的疼痛感没有那么强烈了，我问劳胖几点了，他说三点了。

我已经进来整整八个小时了……

劳胖摸着我的额头，帮我擦掉脸上的汗，轻声温柔地说：“老婆，你睡睡吧，我会一直在你身边，我不走。”

就在我刚要睡着的时候，就听表哥说开十指了，头骨位有点偏离，但还是有机会顺产，现在坐起来试试 push 吧！

护士把靠背调直起来，我又开始配合着医生 1、2、3 吸气呼气，使劲推，再 1、2、3 吸气，推……几番 push 下来，我流了好多好多血，我看见劳胖捂着我的眼睛，把我的头转向一边，场面太血腥他不想让我看到，护士说看见头了看见头了！！

我听到了希望，于是想再继续用力，我感觉我的眼球都快被震得爆裂了，可是始终推不出来，此时胎心监测器已经发出了报警声，胎儿心跳加快，不能再顺产了。

表哥取下口罩，跟劳胖说不行，这样下去大人小孩都有危险，立即转手术室，准备手术。

我绝望地哭出声来，坚持了这么久还是要开刀，之前的那么多罪不是白受了吗？

产房里立刻来了一堆人，把我从产床上抬到移动手术床上，转移到手术室。

我不知道，那个时候的我是不是看起来很吓人，我只记得我一推出产房，我妈就扑过来，看到我“哇”的一声就开始哭：“天呐我的乖乖，咋个变成这个样子了！”

她一路小跑追着推车，在后面一直叫我的名字，我爸拉都拉不住，完全失去控制……

进入手术室，护士把我的衣服脱掉，我躺在冰冷的手术台上，吹着里面的冷气，好冷好冷。我看不见劳胖，突然觉得很害怕，我一直问护士，我老公呢？我老公呢？护士说他在换衣服，我说求求你让他快点进来吧！

过了一会儿，给我打无痛分娩的那个麻醉师进来了，叫我侧翻身，开始注射麻药，也是脊椎位置，我那时候已经感觉不到疼了，身体已经彻底麻木了。

几分钟后，麻醉师敲我的腿，问有感觉吗？

我说有，他说不可能啊，你抬腿我看一下，于是我抬起双腿，他马上跟旁边护士说剂量不够，还要补。

于是我又被翻身侧向另外一边，又注射了一次麻药，这已经是我一天中第三次注射麻药了……

加大剂量后，我的下身很快就没有知觉了，我再也感受不到宫缩的疼了，我觉得好轻松好轻松，突然好累好累就睡着了。

时间仿佛过了好久，其实也就几分钟而已，劳胖换好手术服进来了，表哥也准备好进来了，护士拉起我面前的手术隔布，我的视线范围只剩劳胖。他紧握着我的手，抚摸着我的脸，安慰我说：“老婆今天受罪了，很快就结束了很快就结束了……”

我示意他把脸靠近我，小声地在他耳边说：“我怕。”

他说：“不怕不怕，老公在身边呢。”

我感觉到手术刀划开肚子，一层又一层，虽然感觉不到一丝疼痛，但却听得到刀片切开肌肉摩擦的声音，那个声音让你细思恐极。

很快，表哥看了看墙上的时间，说：“准备……1！2！3！”

麻醉师在我腹部用力按压往下推了一下，我的肚子瞬间松弛了。

表哥拿出我的女儿，刚举到空中，便听到她“哇”的一声开始啼哭……

听到那声啼哭的一瞬间，我再也忍不住了。跟着我的女儿放声大哭,劳胖抱着我的脸亲着我的额头,也开始哭:“终于……终于……”

他也泣不成声……

劳胖亲手给女儿剪了脐带，裹好被子把她抱过来放在我面前，我看了一眼，天哪，这是我女儿，我有女儿了！我们一家三口终于见面，在百感交集中留下了我们的第一张合影。

可能这一切都是天使降临需要付出的代价。

见到她的一刹那，我觉得一切的代价都值了。

很多人都说剖宫产手术后很疼，伤口和子宫收缩疼起来要人命，我倒觉得这点疼痛跟顺产那八个多小时的阵痛比起来简直可以忽略不计……

在医院的时候，每天最开心的事就是母乳时间，一到时间整个病房就会响起温馨的儿歌提醒喂奶时间到了，而这个歌声一响起就意味着女儿要推进来了。我们每天都看不够，每天都充满了期待。我也意识到，我们的人生正在发生着剧变……

044

最好的时代

四天后，我们接过 Avery 满分检查报告，一家三口高高兴兴地出院了。

Avery 出生的第七天，她的爷爷奶奶从英国回来了，并且带来另一个好消息，姐姐也怀孕了，一家人沉浸在一个接着一个的喜悦当中，不过除了有新生命的喜悦外，我还有一些初为人母的忐忑和慌张。

在接女儿回家以后，她每晚都睡在我旁边的摇篮里，但是我经常会半夜突然惊醒，然后坐起来用手去抚摸她的鼻孔，劳胖问我："老婆，你在干什么？"

我说："我看她不动了，试试她还有没有气……"

劳胖摇摇头，抱着我说："她睡着了，怎么可能会动？不担心不担心……"然后又像哄女儿一样把我哄睡着。

出院后第一次复诊，我还在坐月子，所以只能让劳胖一个人带她去。

关于这件事，他提前两天就开始兴奋，一直在叨叨着终于可以单独带我女儿去约会咯……我和女儿的第一个约会！

终于等到了复诊那一天，他翻了好几套衣服出来，不停地试穿，还问我到底哪一套更好看！

我说你随便穿什么啦，反正又没人看。

劳胖才不管我，开心地说："当然有人看了！今天我跟我女儿约会耶！"

磨磨蹭蹭了好久，终于选了一套满意的衣服，人模人样地带着女儿出门咯！

后面回来，他给我看照片，得意扬扬地说："我还带她去了餐厅，点了果汁和牛角包！"他让服务员帮他和女儿拍的照片，一直问我："好看不好看？羡不羡慕？我和女儿的单独约会耶！”

最后，他感觉光是和我一个人炫耀不行，于是他把照片放在 Face Book 上，并写上：“女儿十二天，第一次跟她约会。”

从此以后，劳胖正式晋升为女儿奴。

劳胖的办公室离家挺远的，午休时间，一般吃一顿饭喝一杯茶时间就过了。可是自从家里多了一个小成员以后，他经常以回来拿东西、找文件为借口，赶回家抱着女儿睡午觉。

午觉过后，又匆匆离开去上班。

和女儿在一起的每分每秒，他都格外珍惜。

女儿出生后的第一个圣诞节，劳胖在圣诞集市上亲手画了一幅简画，做成卡片，写上了她的名字，并说这是爸爸送给你的第一个圣诞礼物，那是我们一家三口的画像，当然我对他画的我很不满意，连我十分之一的美貌都没有画出来！

小婴儿都是皱巴巴的，还没有长大，可是女儿在他的画里面，真的特别可爱！

大概就是为人父母，怎么看自己的孩子都是全天下最可爱的！

2017 年的春节，也是我们一家三口在一起度过的第一个春节。

劳胖以“要带女儿去看鲸鲨”为借口，带着我和女儿去看了世界上最温柔的海洋巨人。

带着这么小的宝宝出门可不是件容易的事，换尿布、喂奶、换衣服、洗澡，我学着做以前从未做过的事。

我们一起在沙滩晒太阳游泳，陪她静静地看着这个世界，然后看着她一天天长大，总有一天，眼前的这个小 baby 会离开我和劳胖，去寻找自己的新世界，找到属于她自己的梦想和爱情，那个时候的我和劳胖，说不定已经有了白头发，然后我们两个人应该正在环球旅行……

我、劳胖还有女儿，到目前为止的人生，我再没有遗憾。

而未来，我知道，未来正在一点一点变成现实……

最好的时代，就是现在！

Part 3

我们生活中的那些重要部分

045

公公和婆婆

1976年的冬天，年轻的公公在伦敦皇家医院里，偶遇了一名长腿护士，他对她一见倾心，并悄悄看了下她的工牌，她的名字叫Teresa。

八个月后她变成了他的妻子，名字冠夫姓，更名为：Teresa Leung。

和所有动人的爱情故事一样，他们一路相互扶持，打拼事业，生儿育女，相濡以沫直到晚年。

今年，是他们的红宝石婚，已经结婚四十多年，可是他们的日常仍然甜蜜而温馨，两个老人过马路还要手牵着手、吃水果也要相互喂、每天晚上睡觉前都要相互提醒对方吃药。

因为年轻时，他们四处奔波，忙着打拼，所以年纪大了之后，婆婆身体开始出现各种各样的小毛病，公公为了让她心情愉悦分散注意力，便开始带着她环游世界，他们去过南极看企鹅、去过芬兰看北极光、去过赤道看大海、去过非洲看动物大迁徙，公公和婆婆的晚年日常不在邮轮上就是在去邮轮的路上，如果不是儿子结婚、女儿生子这些缘由，平时几乎是看不到他们的。

而这已经是公公带着婆婆环游世界的第五个年头了。

我公公虽然是一个爱唱歌爱玩的老顽童，可是骨子里还是很威严，这一点在我第一次见他的时候就深有体会。

在劳胖家吃饭，每个人的位置是有讲究的，正位永远是留给公公，而向下依次是儿子、媳妇、孙子，按照最传统的座位礼仪，家宴首席为辈分最高的长者，末席为最低者。

刚到劳胖家的时候，我默默地仔细观察，发现每一顿饭开始之前，劳胖都要说："爹地食饭，妈咪食饭。"给在场的所有长辈招呼完以后，公公会说："乖啦，吃饭吧！"大家才开始动筷子吃饭。

吃饭过程中，劳胖有时候会轻言细语地对我说：“老婆，可以给爹地妈咪斟杯茶吗？”

入乡随俗，其实本来是我该做的一件事，在我没有及时做的时候，他没有责备我、命令我，反而用这种语气，我非常能接受，所以在他说了那一次之后，我就记得每一次在吃饭时都会先帮在场所有人斟茶，因为这些小细节，公公也对我非常认可，并经常在外人面前对我赞不绝口。

平日里从来听不到公公和儿女交流时大声吵闹，即便是在教导，公公也是言传身教，细心说来。

我们睡懒觉，公公实在看不下去，就在门外轻轻敲下门：“时间是最公平合理的，它从不多给谁一分，也不少给谁一分。勤劳者能叫时间留下果实，懒惰者只能让时间留下一头白发，两手空空，怎么跟你们的下一代做榜样，自己好好想想吧。”

一个人的威严，往往不是靠凶恶的态度和高高在上的姿态去让他人臣服，有时候中肯的一句话威慑力十足。

听到这个我俩吓得赶紧从床上跳起，立即起床。

公公对子女的教育渗透在生活的方方面面，即便现在他们已长大成人，并都有了自己的儿女。

有一次在茶餐厅的时候，劳胖点了一块牛扒，但送上来发现不是铁板的，劳胖说看起来就没什么食欲。

婆婆说换一块吧，劳胖想了下说算了，一餐饭而已，不要浪费了。

公公立刻击掌道：“对！这样的态度就对了！男子汉大丈夫，能屈能伸，好吃是一餐不好吃也是一餐，要懂舍弃。”

劳胖已经是三十多岁的人了，可他爸爸仍然在生活的方方面面影响着和引导着他的子女，女儿四个多月的时候劳胖就时常对着她说：“No，女孩子不可以这么急躁，女孩子要温柔，有耐心。”

虽然现在的她还听不懂爸爸的大道理，但我相信在这样的环境下长大，她会变得谦虚有礼貌。

公公除了是我老公的爸爸，是我很尊敬和爱护的人以外，还是我的良师益友。

我能与他像朋友一样地聊天，聊人生，聊梦想，聊劳胖。有一次吃晚饭，他问我你们在成都过得怎么样？工作生活一切都顺利吗？

我说现在正是我们各自事业的起步阶段，都遇到了一些困难，可能会走一些弯路。

公公会安慰我说你不必担心，你要相信你们现在吃的苦，走的弯路，受到的所有不公都是一种积累，最终总会在一定的时间绽放异彩。Lawrence 已经很不容易了，一个人从那么远的地方从零开始，这几年肯定吃了不少苦，但他一句都不会跟家里人抱怨，他不跟我说，肯定也更不会跟你们说，但我相信这些都是对他的磨炼，希望你相信他，支持他。

那一晚我们都哭了，那也是我第一次看见公公流泪。

我曾一度怀疑公公有双重性格，因为威严之余，他又是一个超级老顽童。

公公每一次从英国来成都，都会给我买些意想不到的小礼物。有次去机场接他，他手上拿了个仙女棒和卡通圆珠笔，说刚刚在迪士尼里面看到的，很漂亮就买给你啦！喜欢吗！

在我坐月子的某一天，公公大早上跟劳胖就出门了，我问他们去哪儿，父子两人很是激动，说是要去干一件大事。

后面我在家里看新闻才知道，原来他们去参加那天的“反港独撑释法大游行”去了。

怎么说呢，先不上升到政治立场和民族大义层面，单纯地觉得自己很幸运，为身在这样一个“三观”很正的大家庭而感到无比幸运！看见公公、八叔、三婶、伯父、伯娘、八婶站在五星红旗下面笑的可爱样子，心里真的特别温暖。

那一年去香港办婚礼，到了之后，他说今天带你去吃一家好玩的餐厅，我心想餐厅嘛，不都是吃饭的地方吗？能有多好玩……

结果去了这家餐厅后，发现这家餐厅的菜，样子都萌得要死，期间他一直说你不是喜欢拍照吗！拍呀！就是专门带你来拍照的！这里的菜好可爱呀！

在香港坐月子期间，劳胖在成都工作的时候，就只留下我与公公婆婆住在一起，公公见我很久没出门了，怕我一个人在屋里闷，就天天叫我出去喝下午茶，我说我在坐月子呀！真的不敢出门，他说没事，我悄悄带你出去，不过你别告诉你妈。

公公待我像女儿一样，时常让我想起我的爸爸。

还记得我和劳胖到伦敦的时候，他们怕我们行李太多搭车不方便，专门开车四个多小时来接我们，想到公公已经将近七十岁了，可怜天下父母心，接到我们之后看到他疲惫的身影，我想起了我爸爸，也想起了以前读书时学的那篇《背影》……

小时候读那篇文章的时候，没有太多的体会，现在看着年迈的父母，还有我的公公婆婆，我终于理解了那种感觉……

父母，渐行渐远的背影，还有他们那一颗最爱你最疼你的心。

人的第一感觉往往是最准的，见到我婆婆的第一眼，我就知道她是个非常单纯没有心机想什么就说什么的人，如今已经三年过去了，我婆婆真的像我第一次认知的那样，善良可爱好相处。

三年前，当时的她在我心里是我老公的妈妈，我对她的好和孝顺只是一种责任和义务，而三年后的现在，她已经变成我的至亲。

相处久了要别离的时候，我会特别难受，分别久了看不见她，我也会想念。

听见她摔倒了受伤了我会特别担心……

得知她身体里查出肿瘤的时候，我是真的很害怕，很怕会失去她……

因为婆婆就是这样真心待我，所以让我无法不用女儿的心情去关心我的婆婆。

香港婚礼前一晚，以当地的规矩，需要找“好命婆”来给我梳头，好命婆的定义是“夫妻恩爱，婚姻幸福，有儿有女，儿孙满堂”，这个称谓我婆婆当之无愧。

那晚她拿着事先准备好的木梳，梳我的头发，从顶到尾：

“一梳梳到尾，

二梳白发齐眉，

三梳儿孙满地。”

梳完她抱着我的脸颊，深深地亲吻我：“我的女儿，你要幸福。”

我想问你相信这世界上会有比自己亲妈妈还疼你的婆婆吗？我相信，因为我婆婆就是，她和我亲妈一样疼我。

我生完小孩没多久，我妈就回成都了，整个月子都是婆婆在照顾我，她提前很久就预订了产后补品，买了很多书回来研究，每天要吃什么，做什么都是一一教给工人。

为了我的一句话，她就会专门出去打包我想吃的东西回来给我，晚上宝宝吵夜，她怕我睡不好就把宝宝抱到她的房间睡，需要喂奶了又给我抱过来。

有时候见我咳嗽，婆婆会专门为我买好多四川特产的川贝。在香港的时候，每天回家都有一盅川贝雪梨，就算再晚，婆婆都要守着我喝完才去睡觉。

她对我的好，并不是因为我是她儿子的老婆，而是她觉得我就是她的家人，是她的女儿，发自内心地想疼我。我经常听到她在电话里跟劳胖说：“多陪陪你老婆，老婆才是陪你到老的人啊，兄弟和朋友都没办法陪你走到最后。你要知道什么对你才是最重要的。”

婆媳间的相处之道有时就是一杯热水的艺术，你只要多去感受别人给的温暖，自己就会有足够的能量给对方温暖，进入良性循环后，一切都变得简单了。

婆婆骨子里是一个小女人，把各种纪念日、节日都记在心底，想与大家分享。

公公也知道她这个心思，所以他们每年的纪念日都会有一个特别的纪念仪式，基本是一年一小办，十年一大办。

今年正好是他们四十周年红宝石婚纪念，恰逢小孙女满月，婆婆开心得不得了，联合举办了一次聚会。

聚会的时候，我开玩笑说我女儿腿怎么那么短呢，她神秘兮兮地凑到我耳朵旁说：

“听人家说，腿要是短的话，个子就会矮呢……”

旁边的劳胖听到了立即哈哈狂笑：“还以为你说什么呢，就相当于你说‘人家说，你阿妈，是个女的呢’这还需要你说吗，哈哈哈……就是因为腿短个子才矮呀！”

婆婆像个孩子般涨红了脸，说：“哎呀，Naughty!不准笑我！”

在聚会当天晚上，夜深人静的时候，我婆婆神秘兮兮地拿了一个小铁盒出来说是要给我保存，我屏住了呼吸，以为要移交传家宝的一刹那，她掏出了劳胖的脐带……

婆婆说我一直保留着他们小时候的这些很珍贵的东西，现在交给你吧，以后就由你来帮他保管了。

这就是我的公公婆婆，一对平凡可爱的老人。因为嫁给了劳胖，我有缘成为他们的女儿。人类的情感很奇妙，人与人之间惺惺相惜的相处，会使我们跟血缘以外的人产生不是血缘却胜似血缘的感情，有时候是邻居、有时候是朋友、有时候是公婆，除了感慨上天对我如此眷顾，让我这么好运，遇到这么好的公公婆婆以外，我也十分感恩，他们对我的每一处疼爱与照料，我都将铭记于心，谢谢他们能成为我生命中重要的一部分。

046

爸爸和妈妈

我爸可是一个了不得的传奇人物，自幼读书厉害，别人读完小学用六年，他用四年。

读完四年级就直接跳级上初中，上完初二又跳级到高中。每晚回家就点着蜡烛看书，差点儿把家里的房子烧了。

他是那个年代名副其实的学霸。

我爸十七岁就被分配到税务系统参加工作，十九岁的时候已经是一个小科长了，那个时候每天来找他“走后门”办事的人，就一筐一筐的鸡蛋往他家门口提，他不敢要，于是送鸡蛋的人放下鸡蛋撒腿就跑。

于是，他就拿着一筐筐鸡蛋，去追我妈，去贿赂我外公外婆。

我爸是我妈的初恋，据说我妈十八九岁的时候特水灵，皮肤嫩得可以掐出水来，是当地有名的“七仙女”之一。在众多爱慕者中，她唯独被我爸的“鬼马机灵和风流倜傥”所吸引。

我妈那个时候在商业局卖布，我爸每天下班就去商业局的百货公司里晃悠，隔三岔五地给我妈递情书，几封情书下来，我妈就被我爸行云流水的文笔所吸引了，据说那些信我妈现在还保留在保险柜里。

一来二去，两个情窦初开的小年轻就悄悄地在一起了，我妈总是把最好的毛料做成裤子送给我爸，我爸单位的领导每次看见他身上一条又一条的毛料裤总是心生嫉妒，要知道那个年代的毛料裤很贵很贵，堂堂一个大局长都只有一条毛料裤，还要等重要场合才舍得拿出来穿一次，而你一个小科长却天天把毛料裤当工作裤来穿，裤脚磨得烂烂的却一点都不心疼。

我妈还说我爸特别浪漫，谈恋爱的时候，每逢周末，我爸就骑一辆自行车带瓶红酒，载着我妈去附近的广场野炊。

好景不长，这段地下情很快就被我外公发现了，由于我爸是外地人，看起来又瘦瘦小小的，感觉根本没能力保护我妈，不能撑起一个家，于是他们的恋情遭到了我外公外婆的强烈反对。

我妈年轻的时候，也是那种特别刚烈、特别果敢的女子，越是遭到家长的反对就越是要在一起，可能也是两个小年轻对彼此都是真心实意的爱，所以怎么棒打鸳鸯都打不散，加上我爸一直坚持不懈地去我妈家拜访，最终外公还是被我爸的真诚所打动，勉强同意他们在一起。

于是在他们二十一岁那一年，他们结婚了。没有婚纱没有酒楼，在税务局的员工食堂里，举行了难忘一生的婚礼。

结婚后，第二年便有了我，但由于工作原因，他们没办法照顾我，我便由我外婆带着，在离他们两百多千米的城市长大。

我至今都有印象，我读幼儿园的那一年，他们每周开着单位配的长安面包车来看我一次，走的时候让外婆把我引到一旁去玩玩具，然后悄悄走掉。

当被我发现过一次后，我就再也不去玩玩具了，他们走的时候我就追在车后大声喊妈妈、妈妈……

我妈含着泪看着后面追车的我，也没有一点办法，任由我的影子越来越小直到看不见……

直到我七岁那年，我爸下海经商，把我还有外公外婆都接到了同一座城市，我们一家三口才终于得以重聚。

时间像一只奔跑的千里马，转眼即过。我很快念完初中、高中，去另外一座城市念大学。回家的频率越来越少了，外公也在我大一的时候去世了，留下外婆自己一个人。

2008 年地震以后，我们住的房子被鉴定为“危房”，我们搬离了以前的房子，偌大的新房子就只剩我爸妈和憨妹（我家的狗狗）住了。

我爸的性格自幼独立好强，万事都有自己的主见，有时候特别蛮横霸道，一个不如意就要发火。拜他基因所赐，我也是这副德行，所以我们两个就像欢喜冤家，一见面就要吵，见不到又想。在我爸眼里我好像做什么都不对。

但奇怪的是，我爸对我妈可不这样。

我妈这两年身体不太好，但此生最幸运的就是嫁给了我爸，我妈爱吃包子馅，不爱吃皮，我爸就自己给她做馅多皮薄的，把馅给她吃，皮自己吃。

我妈留了一辈子的短发，但这么多年，也没找到一个知道她想要什么发型的理发师，于是我爸干脆自己帮她剪，这一剪，就是十年。

经常一个多月都见不到我爸我妈，他们不是扔下一句“我带你妈看天安门去了”，就是“我跟你爸去看草原了”就消失了……

然后就看见他们的朋友圈各种肉麻的自拍……一点都没有“中国父母”的内敛和保守。

有一次，我看我妈朋友圈上发了一张照片，照片中我爸我妈分别坐在跷跷板的两边，我妈在另外一头被高高翘起，笑得像个少女一般，当即就被莫名地戳中了泪点。

那时候我刚分手，心里难过，但无论遭遇何等糟粕，但只要一想到他们内心就无比敞亮，因为他们让我看到这世间最真实也是最平凡的相濡以沫。

最浪漫的事，就是一起老去的时候，愿意坐在对面陪你玩跷跷板的人，依然是你的那个老董。

爱和责任真不是婚礼上念念誓言那么简单，他们恪守了当初的诺言，也诠释了人性的美好。这是我的父母，带给我的，最宝贵的正能量。

对孩子真正的富养，是彼此相爱。

拜我爸基因所赐，我从小就是个雄性激素过多的“假小子”，我爸也待我像儿子般粗养，从来没叫过我小名，从来不摸我头发亲我额头，最多的身体接触就是打。

当然不要以为我只是小时候挨打，最近一次挨打是二十一岁读大二的时候，吵着吵着就拿着刀朝我冲过来了，如果不是我妈灵敏拦下，现在可能大家也就看不到这本书了……

我和我爸太像，软话永远说不出口，宁愿被打死，都要撑住腰板。

这些年来，我一个人在成都闯荡，日子总不可能一帆风顺，遇人不淑、遭遇叵测在所难免，但我从来不在我爸面前吭一声，一来不想让他们担心，二来人活一口气，这么多年养成了报喜不报忧的“中华民族传统美德”。

曾经我问过我爸，如果我在外面被人欺负了，你会去收拾他们吗？他的回答是：“呵，你能问出这个问题都说明你还太幼稚！”

我很寒心，偷偷哭了好久，觉得我的爸爸永远不会像别人的爸爸那样去心疼和保护自己的女儿，他对我的方式永远那么粗暴野蛮，根本没有把我当女孩子看……

可直到那一天，我才知道这句话的含义。

我妈告诉我，其实那两次我莫名其妙的分手，我爸都猜到是事出有因，虽然不知道具体原因，但看我的脸色也知道我吃亏了。我不说，他也不问，是因为他太了解我，好强基因的默契使他不愿意去揭开我的伤疤。

他说他最怕的，就是直到他离开这个世界，我还一个人嘴里咬着刀子，脸上却笑着孤独地活着……

现在我找到了个如此靠谱的老公，全家人都松了一口气，可我爸却又站在另一个维度去思量和担忧我的人生。

有一天，因为很小的一件事我们又大吵了一架，看了他回复我的文字后我才幡然悔悟……这不是我第一次跟他说对不起，却是他第一次用如此温柔的语气和口吻跟我推心置腹。

我爸在微信中写道：

除了我母亲去世哭了一整夜外，今天，我真的伤心地哭了。

你太好强，社会太复杂，我真怕你，一个女人，因为你的不慎，因为我们的不慎，丢掉一些已有的幸福。

等到我走的那一天，能让我唯一死不瞑目的事情，就是看着我唯一的女儿没人疼爱，咬着牙，坚强地、孤独地活在世界上。

所以，在我还有能力时，我想在你怀孕的第一时间保护你，想让你改变一些性格缺陷，来维护你，让你能够长期地幸福生活下去！

我们没有错，看着你娇小的身躯可以承受未来可能出现的巨大压力？我忧心忡忡！

我的爸爸跟别人的爸爸不一样，合格的爸爸无论遇到什么事都先批评和检讨自己的孩子，而不是盲目护短和庇护，因为他太清楚自身足够好才会值得拥有坚固长久的幸福。

他的冷酷、严厉、无情，都是他对他的孩子最特殊的爱。

那天，是我爸五十二岁的生日，我怀孕两个月。

我在离开成都去香港待产那天，又因为一些柴米油盐的小事跟我爸赌气，互不理睬，到走了都没说过一句话。

最后一刻，他送来一桶熬夜做好的红烧牛肉和在微信里留下了下面这段文字：

几十年来，从熟悉的街道到熟悉的人群，再到复杂的社会，我以为蜕变脱壳，垫以基础、厉严教子的思维能做人之上人。

成年后的女儿争气，挣来了自己的幸福归宿，即为人母，或为子女未来更好，你选择脱离传统的监护孕产方式，离开父母去他乡……

一切都是美好的，只是我感到分别的伤感，心疼女儿离家万里，我心里满是泪水！

我问我自己，我挚爱的唯一女儿，我该怎样好好对待她？

生命不息，生活美满，祝明天顺利到港，期待小生命的降临、期待福降全家，凯悦而归。我能坦言，未来一定幸福满满！

看完我爸的微信内容后，我在机场，拿着我爸送来的红烧牛肉，泣不成声。

有些人一辈子也不会当着你的面说一句好听的话、表现出一丝对你的爱怜，但他却永远牵动着你内心最柔软的地方，这就是父亲，严厉又古怪，也是最脆弱的父亲。

047

神犬的故事

写到这里，还是想花篇幅，写一下我家另一个重要的家庭成员——神犬憨妹的故事。

因为它已经是我们的亲人了。

在我小的时候，我妈本是很不喜欢养宠物的，因为从小到大鸡鸭兔猫能养的宠物我都养过了，我是一个小孩，哪有什么能力去养宠物？所以我的这些猫猫狗狗的饲养任务其实都转嫁给我妈了。

有一次她留我在家做作业，回家发现我一个字没写，反而把家里的鞋摆了一客厅，在那里训练我的狗，气得我妈立即把那只狗送人了，任凭我哭天喊地求情都没用。

初中那年，我爸妈去舅舅家吃饭，下楼的时候身后跟了一只白白的、小小的吉娃娃，一直跟他们走到小区门口，可怜巴巴地看着他们，我妈就站在小区里喊了半天，谁家的狗，谁家的狗丢了……喊了半天都没人回应。

再仔细看那只狗，大冬天里冷得直哆嗦，皮包骨头，好像很久都没吃过东西了，基本可以判断是流浪了很久了。

我妈心生怜悯，就把它抱回了家，一回家就开始喂肉喂水，小家伙真饿坏了，一口气吃了五根火腿肠，看得我妈好生心疼，就决定多留它几日。

结果养了几天后，我妈和它有感情了，于是就留下它了。

它刚来的时候特别胆小，总是夹着尾巴，瘦瘦的鼓着个大眼睛怯生生地看着周围人，我爸说这狗憨痴痴的，就起名叫憨憨。

憨憨来我们家，一待就是四年。最后的别离，是因为一场意外。

那年暑假，我妈带着我和憨憨去我爸的工地看他，沿路三百多千米长途跋涉，憨憨特别乖，在车上憋着几个小时都没尿过，我妈还给它准备了几大袋火腿肠，准备到了喂它。

刚到工地，它实在憋不住了，刚开车门就自己下车找地方尿尿，我们也因为很多人在门口迎接我们，就没注意去看它，谁料就那么几分钟的时间，刚要进餐厅的时候就听见后面有人在喊：“谁家的狗？！谁家的狗？被咬死了！”

我和我妈丢掉手中的行李就跑过去，那幅画面我至今记得，憨憨小小的、雪白的身躯躺在泥土堆里，脖子上流着红色的血，双眼因为过度惊吓都凸了出来……

我妈当场就瘫在地上了，哭得不省人事。是工地上的猎犬把它当成一只兔子直接咬颈而亡了……

我爸的手下在后院挖了个坑，把憨憨装在纸箱里，把给它带的火腿肠装进箱子里，一起埋在了那里。我爸说，就让它安葬在这里，保佑我们的工程平安完工吧。

痛失亲人一般的绞痛和伤心欲绝，我到现在都记得。我妈的承受力太低，终日以泪洗面无心进食，一想起就哇哇大哭，我爸只能连夜将我们母女送回家。

途中收到我爸的朋友发来的安慰消息，并提供了一个信息，说有家犬主的母狗刚生了一群小吉娃娃，如果再养一条狗能缓解痛失爱犬的悲痛，可以去看看。

我妈坚决反对，说再也不养狗了。

我爸见她实在伤心过度，日渐憔悴，还是带着我们连夜直达犬主家里。

当时的情形我记得特别清楚，刚进门就看见一堆黄色绒毛毛的小幼崽蜷缩在母狗的肚子下取暖吃奶，大概有十多只吧，清一色的黄色斑点。

结果突然从门缝里钻出来一只黑白斑点的小吉娃娃，飞快地爬了出来，屁股一扭一扭，小尾巴像根天线一样剧烈地摇动着径直朝我妈的方向爬来。

令人啼笑皆非的事情发生了，它爬到我妈脚下，停顿了几秒，然后抬头看看我妈，脚一蹬，一屁股坐到我妈的毛靴上，转了一圈，趴下，睡了。

在场所有人都笑了，我妈脸上也终于露出了一个笑容。

我爸说不选了，就它吧，它跟我们有缘。

主人说："奇怪的很，这一窝子狗都是黄色，都像妈妈，就它一个是黑色，它爸爸就是黑色。还想给你们选只漂亮的，可你们把最丑的一只选走了，算了吧，你们按心意随便给点钱吧，这只最丑，我都不知道怎么报价了。"

于是我爸摸出了六百块，说六六大顺，吉利。

然后我们就把这只刚满月的小奶狗抱走了。

它，就是憨妹，如今已经陪伴我们十二个年头了。

憨憨是只公狗，我爸说人家是个女娃娃就索性当她是憨憨的媳妇，就叫憨妹吧。

憨妹聪明乖巧，忠心赤胆，这几年跟着我妈走遍大江南北，我妈自驾游也带着、打麻将也带着，都说“狗来财”，憨妹给我们家带来了许多好运。

憨妹三岁那年，曾经救了我妈一命。

有天晚上，突然电闪雷鸣，狂风肆虐，我妈想起楼顶上晒的衣服还没收就赶紧跑上楼去收衣服，谁料刚一上去，门突然被风刮得“砰”的一声关上了，我妈没带钥匙和手机，赶紧拍门呼叫，当时我外婆住在一楼，我妈住在二楼，但是电闪雷鸣，任凭如何叫唤，在一楼的外婆完全听不到呼喊声。

暴雨越下越大，雷声也越来越近，我妈全身都被淋得直淌水，楼顶也没有一处可躲身的角落。

最危险的是楼顶周围没有一处比她所站位置高的建筑物，如果有雷劈到那个位置，直接就会劈到她身上。

已经两个多小时过去了，我妈筋疲力尽，嗓子也喊哑了，终于晕倒在水坑里。

那晚我爸在外地出差，平日里我妈都在二楼活动，外婆是绝对不会发现她不见了的，也就是说要发现她在楼顶，可能最快都要到第二天中午了。

她说她当时都想过干脆从楼顶跳下去，三楼不算高，即便残疾，也至少能保住一条命，这样淋一个晚上，怎么都是死路一条。

这时候憨妹听到了我妈的求救声，开始像疯了一样对着我外婆狂叫，外婆起初以为是雷声把它吓到了，因为以前过年放鞭炮它都会被吓得怪叫，后来憨妹又开始抓外婆的裤脚，外婆又以为她是要抱抱，于是伸手去抱她，结果手一碰到它，它就往后退，接着又向前去抓她，外婆实在揣摩不到它要干什么，这时候憨妹急得开始原地打转，竟然发出了像婴儿般哭泣的哀求声，无比凄惨，眼眶里也开始蓄满泪水，是的，它分明就是在流泪，这可是从来没有发生过的啊！

外婆立刻感觉不妙，上楼去找我妈，走到二楼的时候，看见憨妹疯狂地往三楼跑，于是紧跟其后，当打开屋顶门的一刹那，才知道憨妹这一系列奇怪的举动是在传递什么……

发现我妈的时候，她已经昏迷了，全身滚烫发着高烧。第二天的新闻里报道了好几起被雷劈中意外丧生的悲剧事件。那场骤雨，是当年那个城市最大的一场雷雨。

我们每个人提起这件事都后怕，不敢相信如果没有憨妹，会发生什么。

还有一次，憨妹跟我妈生死逃亡，是在 2008 年地震。

据我妈回忆，地震开始前五分钟，憨妹就觉察到了，然后开始发了疯一样对着我妈狂叫，那时我妈正在床上睡午觉，听到的也是一模一样的哭叫声和哀求声，憨妹不停地抓着她的床单。

据我妈对憨妹的了解，如此反常的叫声一定有异常发生，我妈第一反应——是不是进了小偷？！

她立即起身准备出房间一探究竟，结果一起身房子就开始剧烈摇晃，她怎么都没想到，会是地震！而且会是一场载入中华民族国殇史册，百年不遇的大地震！！

说来非常惊险，我妈起身刚离开床的那一刻，紧挨着床的那一排大衣柜就倒在床上，也就是说，如果不是憨妹提前感知到这场灾难，我妈也就被压在那排衣柜下了……

这已经是憨妹第二次，救我妈的命了。

那次生死逃亡之后，憨妹更成了我妈的心肝宝贝，几次重大生病险些丧命，我妈都尽全力保住了它。

有一年它被别的小狗狗传染了细小病毒，医生说救不活了，安乐死吧。我妈说不会的，它不可能这么轻易地死了，我妈死都不放弃，每天带着它、陪着它输液打针，其实很多人放弃也是因为治疗细小病毒每日所要花销的费用巨大，为了一只宠物，权衡下来觉得不值。

可憨妹早就不仅仅是一只宠物了，它陪了我妈十多年，它早已是我们的亲人。最后在我们的坚持下，它竟然对抗过了细小病毒，奇迹般地活了下来。

还有一年，憨妹突然开始不吃不喝了，每天就趴在窝里，也不跟着我妈碾路了，我妈知道它生病了，可是具体是什么病，跑了好多家宠物医院都查不出来，它毕竟是条狗，哪里痛也不会说话。

医生说有可能是胰腺炎，好多狗狗都是这样被痛死的……

那几日我妈每天抱着它，到处打电话找医生求救，它奄奄一息地躺在我妈怀里，眼睛从早到晚一刻不眨地望着我妈流泪，它知道它这次坚持不住了，它只想看着我妈，看着她，仿佛在做最后的告别。

我妈看着太心疼了，最后决定还是赌一把做手术，结果打开腹腔才发现是宫颈炎，两边输卵管肿得像大拇指那么大，又红又硬，里面已经开始流脓了，可想而知它有多疼啊……

切除了两边输卵管和整个子宫，总算又捡回一命。

所以好多人说自家狗狗不知道怎么了不吃不喝突然就猝死了，哪里是猝死，它们承受了太大的痛苦，是被活活痛死的呀……

憨妹这一生可算是历经大波大浪，做过四次手术，还有一次被一只大狗咬了，撕裂了整个后腿的皮，缝了几十针。但它特别顽强，每次做完手术都能立刻活过来，依然陪着我妈走南闯北，相依为命。

后面我怀孕了，我妈不让我抱它了，它像知道一样，在我怀孕期间再也没来撒娇要我抱抱它。

听过国外许多狗狗跟宝宝争宠吃醋，最后伤害宝宝的事，我妈还担心女儿抱回来以后会不会有什么安全隐患。结果从女儿回家那天起，憨妹就夹着尾巴躲着她，只要我们抱着她，它就绝对不敢过来靠近，原来它知道她在我们家的地位。平时它出门见着小朋友就要凶，反倒是面对这个毫无攻击力的婴儿，它却怕得不得了。

过年时家里来了很多人，女儿在婴儿床上睡着，说来奇怪，只要有人一靠近婴儿床，憨妹就要上前去吓唬他们不让他们靠近，天哪，它竟然在保护女儿。

现在女儿大一点了，开始意识到憨妹的存在了，她只要对着憨妹咿呀咿呀地叫两声，憨妹就会摇着尾巴走过来，小心翼翼地用嘴去靠近她的小手，女儿一把抓住它的耳朵，就算抓疼了，憨妹也摇着尾巴站在原地任由她抓不躲闪，这是多么奇妙的情感，我无法解释……

按辈分来讲，我妈是憨妹的妈妈，我是憨妹的姐姐，劳胖是憨妹的姐夫，那么 Avery 就是憨妹的侄女，应该管它叫小姨（因为它确实最小，十二岁），我们一家人想了一下，没毛病。于是天天就对着女儿说这是小姨，叫憨姨呀～叫憨姨呀～

这十二年来，憨妹早已养成了一个习惯，只要我妈坐在沙发上，它就会过来抓裤脚表示要抱抱，可自从女儿回来，只要我妈抱着宝宝，它就会自动让位，在一旁静静地看着我妈，眼神里充满了羡慕和无奈……

劳胖第一次来我家，它就摇头摆尾地去亲他，好像它知道这是未来的姐夫一样，这是非常罕见的事。劳胖也爱它爱得不得了，每次见到它都亲个不停。爸妈有些时候去外地，就把憨妹寄存到我们家，劳胖怕它孤单就把它装在纸袋里悄悄运进办公室跟他一起上班。

憨妹，这只体形偏大、种也不算纯的吉娃娃，从小就被人说丑、胖，还有人说它头顶上的胎记不吉利，叫我们把它送人，可是它却伴我们走过了十三载的日日夜夜。

有人觉得以人的智力水平和情感需求去拟人化动物的情感需求是无聊、荒诞而又傲慢的。

但人和猫、狗以及一切宠物的情感本身就不是对等的。为什么会对不会说话、不会表达情感的动物产生如此深的感情，我想是因为它们在很多时候莫名地触动了人心底最善良的一部分。

它就那样眼巴巴地望着你，把一切都托付给你，一生只认你一个人。

一切在人类社交关系中可能会感觉到“多疑、恐惧、害怕”的举动，在与狗狗相处时，都会变成温柔的、单纯的行为。

因为在我们内心里，它不仅是一只动物，更是人的善良、纯真、责任和儿时梦想的映衬。

Part 4

回忆

⇦ 劳胖做的第一顿晚餐

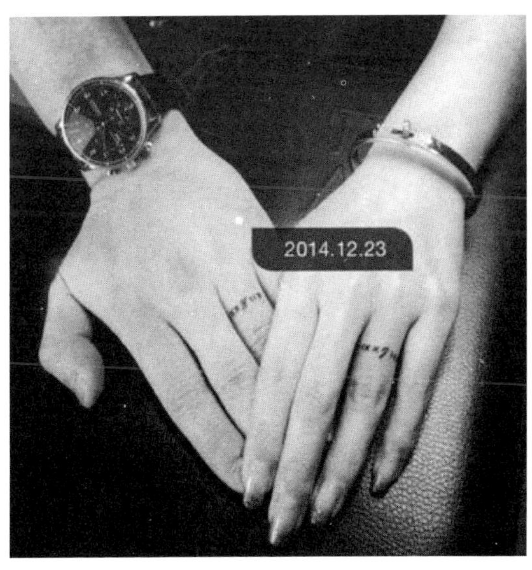

我们的“婚戒”⇨

许下心愿的孔明灯——台湾

一件属于自己的“婚纱”

⇦每一个女孩的终极梦想
⇩

⇧

大狮子又大一岁了，这是我们一起度过的第二个生日。

⇧

写进床板里的誓言

摆放着美好回忆的柜子 ⇨

⇧

劳胖一定要挂在客厅的“家和万事兴”

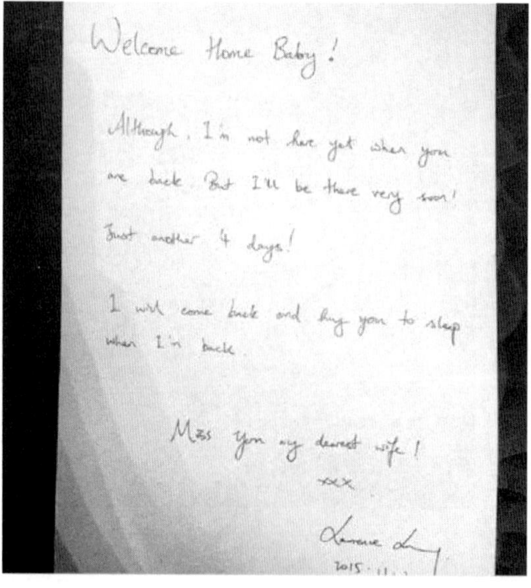

Welcome Home Baby!

Although, I'm not here yet when you are back. But I'll be there very soon! Just another 4 days!

I will come back and hug you to sleep when I'm back.

Miss you my dearest wife!

xxx

Lawrence …

2015.11.

⇦ 小别离的信笺

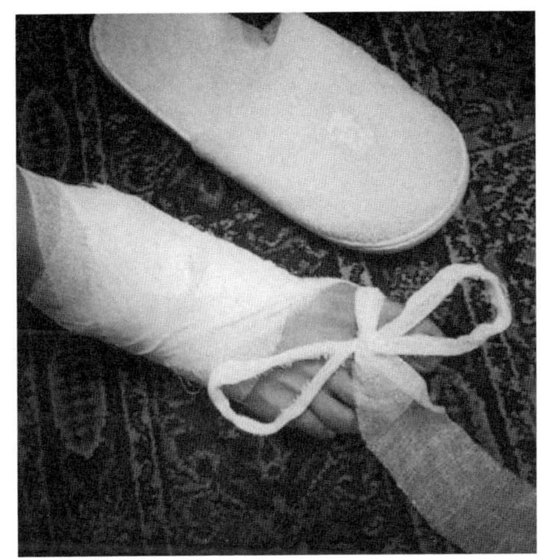

⇦ 为劳胖包扎的蝴蝶结

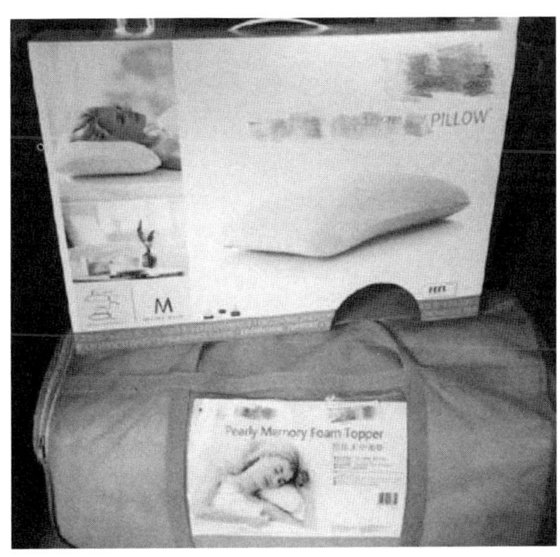

劳胖送我的保健品 ⇨

⇧

劳胖最爱看的电视剧

⇦ 公公给宝宝想的名字大全

⇦ 怀孕时吃到了劳胖
给我买的节日蛋糕

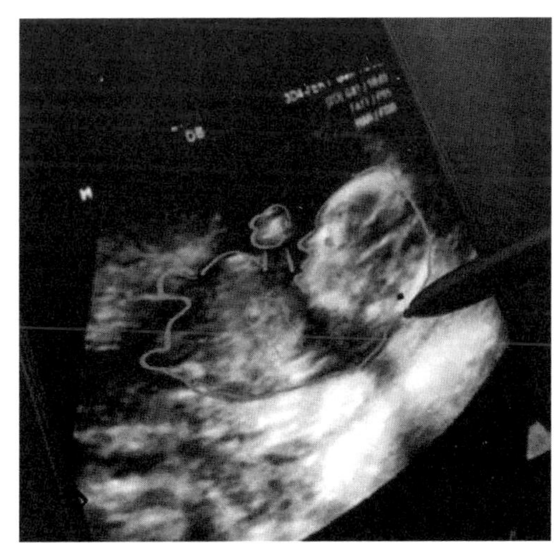

宝宝的第一张照片 ⇨

劳胖给女儿准备的圣诞卡片 ⇨

⇦ 婆婆给我熬的冰糖川贝雪

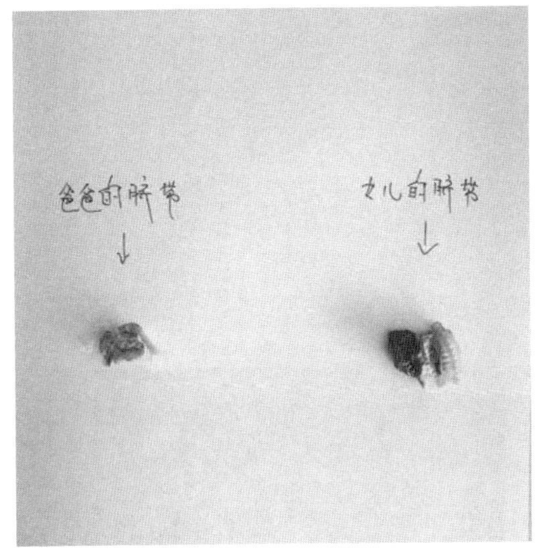

⇧

婆婆送给我的神秘礼物

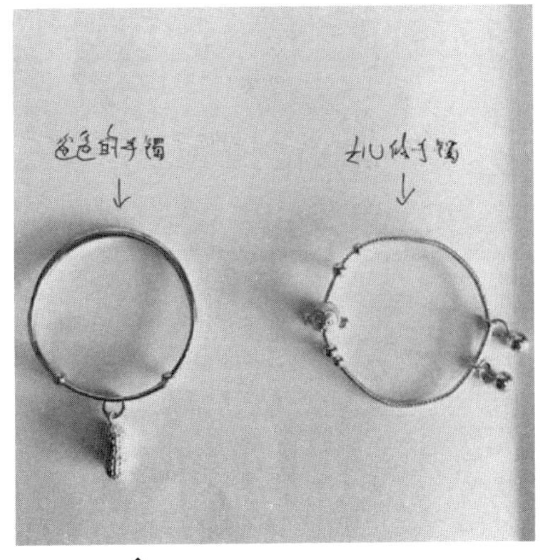

⇧

父女同款手镯

⇧

一家三口一起看书

Part 5

后记

一直以来，承蒙各位朋友的关心，我和劳胖的爱情故事，才有机会以纸质书的形式正式同大家见面。

关于写出自己这些年的故事，一开始我是有诸多顾虑的，所以就算有出版社找到我，我也不敢轻易动笔。关于这本书的内容，里面所有的故事和文字都会基于事实，那就是我真真实实的人生和感慨万千的青春。既然是真人真事，在考虑是否出版之前，出于对当事人的尊重，就必须征得其同意。

劳胖一开始是反对的，因为他考虑这里面会涉及大量隐私，他对我说过的话、做过的事会不只我一个人知道，而是会让千千万万的人也知道，他不想我们的生活因此而受到一些不必要的影响。

后来让他慢慢改变想法的原因，是他看到了网上那些朋友们的评论。

他说网络是个很有意思的地方，在这个几乎全是陌生人的地方，却有人对你说着最真的话。劳胖没有微博，但却已经习惯了每天晚上花几十分钟来看看我又发了什么新的微博，他们又在我的微博里，回复了哪些奇葩的留言，然后经常一个人躺在床上笑得人仰马翻，或一个人坐在马桶上难过地眼泛泪光。

最让他感动的是我生女儿的那一天，他帮我发了一条微博告诉大家，我们的女儿已经平安来到这个世界。当时我的麻药还没过，躺在床上动弹不得，他在床边一条一条给我念完了几千条的祝福，念完后，他自言自语地说："他们真好。"

慢慢地，他变得比我还要关注我的微博留言，我每天事情太多，有时候看不完每一条留言，他就会躺在床上一边翻手机，一边跟我说："老婆，你微博上有个人留言说现在心里很难过，你去安慰下她吧；老婆有个人说她跟男朋友订婚了但他出轨了你去劝她分手吧千万别回头了……"

我说我也不是神仙，除了安慰我也改变不了什么，他说可是你能给他们希望啊。我说那如果我的经历和我的故事能让更多人看到希望，看到阳光，这本书值得出吗？

他说，嗯，值得。

这就是我们最终下定决心要出书的原因。

这本书的问世，除了能给我的人生留一份珍贵的回忆以外，更多的是很感激你们一路走来对我和劳胖的关心、祝福和爱护。虽然同你们素昧平生，可却彼此鼓励、彼此感动，已经形成了一种妙不可言的朋友关系。所以当很多朋友都来留言，想听听我和劳胖的故事时，我是非常愿意同你们分享的，可是恋爱、结婚、生子这一路发生了这么多故事，又岂是三言两语，就可以尽诉的？

我更想同你们，好似姐妹聚会，老友相见，裹着毯子促膝长谈，把我这么多年的故事都讲出来，有暖气开着，有好茶喝着，说到开心的事情大笑，聊到失意的人痛哭，遇见人生的奇迹拍案而起，抓住想要的幸福大声尖叫。错过，遗憾，失落，颓然，幸福每一样微小的瞬间都想细细同你们说，想抓住你们的手，抱住你们的肩膀，说一定要相信一些事情，它们会在未来的某个地方，等着你。

那么最好的形式，我想，它应该是一本书，以纸质的模样面世，变成能触摸到的文字，能给正处于迷茫中的人点一盏小灯，给失恋的人递上一杯热茶，陪绝望中的人坐下聊一聊，足矣。

然后因为爱上你
而渴望长命百岁

有关爱情的答案

以下问题，是由董完了和劳胖分开作答，答案如有雷同，绝非巧合，双方将采取法律手段起诉对方抄袭，惩罚是相伴一辈子。

1 请问您的名字？

董：董完了。

劳胖：Lawrence。

2 年龄是？

董：30。

劳胖：比她大 4 年。

3 性别是？

董：女。

劳胖：男。

4 请问您的性格是怎样的？

董：马大哈（粗心鬼），泼辣急躁直率，没有城府。

劳胖：……

5 对方的性格？

董：温文尔雅，稳重成熟，大气理性讲道理。

劳胖：是我喜欢的。

6 两个人是什么时候相遇的？在哪里？

董：2014 年，成都的一间餐厅。

劳胖：2015 年，在成都 IFS 的一间餐厅。

7 对对方的第一印象？

董：我擦，现实生活中怎么会有男人长得这么帅！！！

劳胖：感觉像徐若瑄，甜美、乖巧、聪明。

8 喜欢对方哪一点呢？

董：真心对我好，对我的家人像亲人一样。

劳胖：有个性，做她自己。

9 讨厌对方哪一点？

董：太爱讲道理，把我当小孩子。

劳胖：有个性，做她自己。

10 您觉得自己与对方相性好么？（相性：是指两个人之间是否容易处好关系的一个参数。就是俗话说得一见如故非常投缘或者我看你就不顺眼脾气就不打一处来。）

董：好，一见钟情。

劳胖：非常非常非常投缘，一见钟情。

11 您怎么称呼对方？

董：老公或者 BB。

劳胖：老婆或者 BB。

12 您希望怎样被对方称呼？

董：BB 啊（因为他现在就这样叫我，已成习惯）。

劳胖：老公，BB 感觉怪怪的。

13 如果以动物来做比喻，您觉得对方是？

董：狮子。

劳胖：孔雀，有平凡的一面也有吸引全世界的一面。

14 如果要送礼物给对方，您会送？

董：一辆能装得下两个安全座椅又好看又有品位的车吧。

劳胖：最好的自己。

15 那么您自己想要什么礼物呢？

董：带有前后花园和鱼池的房子。

劳胖：已经收到了一份，期待第二份的来临。

16 对对方有哪里不满么？一般是什么事情？

董：每天早上都要设置 5 个闹钟，自己永远听不见，然后把我闹醒，每天早上我都发誓今晚要搬去客房睡，但每天都会忘记！

劳胖：有时候过分的自我，不过这也是我喜欢她的一点，我喜欢她的过分。

17 您的毛病是？

董：冲动，急躁，没脑子。

劳胖：不知道，你问她呢。

18 对方的毛病是？

董：太不冲动，做事太讲规矩了。

劳胖：没毛病。

19 对方做什么样的事情会让您不快？

董：拉着我爸一起来教导我，我跟我爸吵架的时候，他老是站在我爸那一边。

劳胖：目前没有。

20 您觉得你做的什么事情会让对方不快？

董：大声跟他说话。

劳胖：拖延了很久，还没做好这份问卷。

21 你们的关系达到何种程度了？

董：如果他不在这个世界上了，我可能会活不下去，虽然我

的人生不是为他而活，但没有了他和我们的家，我不知道做一切事情有什么意义。

劳胖：相知相爱，一生一世。

22 两个人初次约会是在哪里？

董：我家楼下的那一次算初次约会。

劳胖：在我公司楼上的那家酒吧。

23 那时候俩人的气氛怎样？

董：紧张害羞惶恐，脸涨得通红，甚至不敢看对方的眼睛。

劳胖：非常不错！

24 那时进展到何种程度？

董：只是聊天，他很绅士很礼貌，没有任何身体接触。

劳胖：相敬如宾。

25 经常去的约会地点？

董：我家楼下。

劳胖：她家楼下，车里。

26 您会为对方的生日做什么样的准备？

董：为他亲手做一个蛋糕，定制一个有他名字的袖扣，然后

找个有情调的地方一起吃晚餐，不会有 party，不会有很多人，因为生日只应该和家人过，这点我和他的想法高度一致。

劳胖：保密。

27 是由哪一方先告白的?

董：没有人告白过，但是结婚是他提的。

劳胖：是我，如果她回答是她的话，你们可以质疑她的所有答案。

28 您有多喜欢对方?

董：他是我这辈子第一个一见钟情的人，然后他成了我老公。

劳胖：很多很多很多。

29 那么，您爱对方么?

董：爱，他已经是我生命的一部分。

劳胖：如果不爱，我不会那么快和她结婚。因为对我来说，结婚就是一生一世的约定、承诺和责任。

30 对方说什么会让你觉得没辙?

董：什么都不说的时候。

劳胖：没有。

31 如果觉得对方有变心的嫌疑，你会怎么做?

董：直接挑明，一旦证实就会先离开或者鱼死网破，我没办法隐忍，也什么手段能换回对方的初心，一别两宽，各自放过。

劳胖：这问题只能怪自己，肯定是我哪方面没有做好，所以她才会变心。

32 可以原谅对方变心吗?

董：绝对不可能。

劳胖：如果她已经变心了，说明她找到了在那个阶段更适合她的人，所以这个问题不涉及原谅不原谅。

33 如果约会时对方迟到一小时以上怎么办?

董：等呗，因为他不会无缘无故迟到，一定是有原因的。

劳胖：这不是经常发生的事情吗?

35 对方性感的表情?

董：每天早上对着镜子打领带的时候。

劳胖：Just be herself.

36 两个人在一起的时候，最让你觉得心跳加速的时候?

董：第二次见面，一大群朋友约在一个酒吧，他端着一杯饮

料朝我走来，在我面前坐下，然后跟我打招呼聊天，我全程心跳加速，呼吸困难。

劳胖：她笑的时候。

38 做什么事情的时候觉得最幸福?

董：每天晚上，我们一起躺在沙发上，他搂着我看电影的时候。

劳胖：一家人出去玩。

39 曾经吵架么?

董：说出来，我自己也不相信，结婚两年多，从来没吵过架。嗯，真的一次也没有。

劳胖：从来没有，因为吵架对事情是完全没有帮助的。等大家冷静下来后，再好好聊。

40 都是因为什么吵架呢?

董：什么事都吵不起来，因为他从来不会大声跟我说话。

劳胖：没有。

41 之后如何和好?

董：如果有些小情绪，睡一觉起来就都忘了，像没事发生一样。

劳胖：每天都很好。

42 转世后还希望做恋人么?

董：希望，因为这辈子不够。

劳胖：不做情人，做夫妻。

43 什么时候会觉得自己被爱着?

董：他每天上班的时候，到了中午都会打电话提醒我准时吃饭。出差的话，一天打好多个视频说想我。他知道我健忘懒散，所以每晚都会帮我把电话充好电，跟他在一起的每一天，每一件事，每一个小细节，我都在被爱着，被他真心爱着。

劳胖：All the time.

44 您的爱情表现方式是?

董：将心比心，对他好，对他家人好。

劳胖：任何时候，想表达的时候就表达，不会等到什么特定的日子才有所表示。

45 什么时候会让您觉得“他/她已经不爱我了”？

董：他不再频繁地给我打视频，隔几天不见都不会想我。

劳胖：目前暂时没有这种感觉。

46 您觉得与对方相配的花是?

董：百合，因为叶子很大，像高大的他。

劳胖：野玫瑰，虽然好看，但刺很多。

47 俩人之间有互相隐瞒的事情么?

董：目前为止应该没有。在确立关系之前，我们花了三个通宵，把自己的经历和秘密毫无保留地交了个底，连我妈和最好的闺蜜都不知道的，该说不该说的都说了。我们同时也是彼此最信任的“秘密守护者”。这世界知道我秘密最多的，除了我自己就是他了。

劳胖：没有。

48 您的自卑感来自?

董：刚认识的时候，怕他嫌我矮，现在嘛，在他面前好像没啥自卑感，他把我宠成了一个骄傲的女人。

劳胖：没有。

49 俩人的关系希望曝光在大众前面还是保持隐私?

董：当然要让全世界知道。他给了我一种底气，就算在全世界面前秀恩爱，也不会死得早。

劳胖：无所谓，随她的想法。

50 您觉得与对方的爱是否能维持永久?

董:如果双方不犯错不触碰彼此的底线,我觉得可以一辈子。他也是唯一一个让我觉得结了婚,就是一辈子的人。

劳胖:我不相信永久,因为人始终都会离开这个世界。但是我希望当我们老了,先离开的人是她,这样她就不用独自一个人承受我离开的痛楚。

51 请问您是主动方,还是被动方?

董:中立吧,不主动也不被动,虽然没有主动,但给一点暗示就扑过去了。

劳胖:攻守兼备。

52 家庭大权在谁的手里?

董:他吧,因为我是算账白痴,其他生活方面我说了算。

劳胖:我管钱,她管花,还有其他所有一切。

53 您对现在的状况满意么?

董:不能再满意。

劳胖:Excellent.

54 初次 H 的地点? (H:做爱)

董:沙发(害羞)。

劳胖：沙发。

55 从什么时候开始想要结婚?

董：正式交往后的一个月。

劳胖：一起以后的一个月。

56 对结婚的概念是?

董：成为彼此的家人，陪伴只是最浅表的功能，生育两个人的后代、相互照应、共同成长，在对方身上找到自己的存在感和价值体现。

劳胖：一辈子的承诺和同甘共苦。

57 幻想与对方的婚姻生活应该是什么样?

董：白天各自忙碌，拼搏各自的工作事业，晚上一起做晚饭，看一场电影，聊聊彼此工作中的喜怒哀乐，再有一两个自己的孩子，周末带他们去亲子游，圣诞带他们去英国看爷爷奶奶，过年带他们回老家看外婆外公。

劳胖：就现在这样。

58 真实的婚姻生活和幻想中的有什么区别?

董：有区别，幻想中的婚姻会有压力，有争吵，有无助，有看不到的以后和无法预知的将来。真实的婚姻中却没有，只

有踏实安稳充满希望。

劳胖：没区别。

59 那对真实的婚姻生活满意吗?

董：不能再满意。

劳胖：非常满意。

60 结婚后对方有什么改变的地方?

董：变得更忙了，有了宝宝以后，我们的二人世界的时间越来越少了。

劳胖：多了女儿。

61 婚后最让你感到这婚结对了的一件事?

董：我们是先领证再见到他父母，本来是冲动性的闪婚行为，但在看到他父母后，以及相处的这几年，我觉得自己太幸运，包括我家人都确信肯定我这婚结对了。

劳胖：找到了对的人，就是她。

62 婚后有没有说过离婚的话?

董：没有，结婚前他就跟我打过招呼，无论我们今后吵架还是争执，都不能提“离婚”两个字，这是他的忌讳和底线。跟他在一起三年多，我连气都没有生过一次，所以“离婚”

这两个字从未浮现在我脑子过。

劳胖：不可能，无论是生气的时候说，或者开玩笑说，这都非常不恰当。因为久而久之会让对方产生潜意识的想法。

63 婚后的接吻每周频率是?

董：200+，不知是不是在国外长大的原因，他特别喜欢接吻，吃饭也要亲开车也要亲逛街也要亲，而且丝毫不避讳，在我父母面前都很自然地表露他的爱意，每天都要亲个几十个吧。

劳胖：最少 14 次。

64 婚后的 H 次数每周频率是?

董：有小孩之前 2~4，有 BB 之后 1~2。

劳胖：Satisfied amount.

65 还想要生第二胎吗?

董：想。

劳胖：For sure.

66 有了小孩后的婚姻生活，对你而言，用四个字来形容?

董：忙到起飞。

劳胖：完整，责任。

67 对有了小孩子后的你们，孩子重要还是对方重要？

董：重心肯定会往孩子身上转，但是我会尽力去顾及平衡他的感受。因为最终会陪我走完这一生的，是他，他对我无比重要。

劳胖：都很重要，无法选择。

68 关于孩子的教育，有什么想法？

董：粗放型经营，天生天养，给予其足够的自由和想象空间，不遏制任何天性的释放。但家庭教养一定是严厉的，做人第一，成才第二。

劳胖：温室里长大的花，永远不能在室外生存。狮子会把自己的孩子推进山谷让他们学会独立。

69 喜欢男孩还是喜欢女孩？

董：女孩。

劳胖：都喜欢，都想要。

70 在教育小孩上和对方产生过分歧吗？

董：目前还没有。

劳胖：还没有。不过我比她严厉。

71 您觉得孩子更黏你还是更黏对方？

董： 我。

劳胖：她要食饭时找妈咪，要玩时就找我。

72 能够想到 20 年后的一家三口，过着什么样的生活吗？

董：那时候我们的女儿，已经读大学了，她可能离我们很远，我想我们会带上行李，四处环游，走到她的城市，去看看她，停留一段时间，给她洗洗衣服煮煮饭，然后收拾行囊继续出发。因为我公公婆婆就是这样，他们是我最向往的爱情和生活状态。

劳胖：幸福的生活。

73 希望孩子找的对象是什么样的？

董：像劳胖一样，尊重她保护她爱她和她的家人，拜托一定要像他！

劳胖：现在不想。长大以后再说。

74 如果对方和孩子都落进水里，你会救谁？

董： 孩子。本能，母性。

劳胖：先看谁的游泳技术比较好。

75 孩子不听话，您会怎么处理？

董：言传身教，该打就打，绝不矫情和没原则。

劳胖：先看看不听话的原因。如果是因为有她自己的想法，可以先了解。我们当父母也不一定是对的。

76 怀孕的时候，有什么难以忘怀的事情吗？

董：我在成都保胎的时候，他在香港工作，每周都会自己去母婴城买很多孕妇用的东西，我说不用先买，万一保不住就浪费了，他还是悄悄去买了很多。满三个月后我去香港产检，逛到一家孕妇用品专柜，售货员居然跑出来跟他打招呼说“梁先生你又来啦，这次要买些什么？哇这就你是太太呀，从来没见过她耶，你先生好细心哦，每次来买东西都问要先用什么再用什么，怕记不住就自己用本子记下来……”听到这里我泪水就止不住了。

劳胖：第一次抱着她的肚子，然后被女儿隔着肚皮踢脸。

77 生小孩子的时候，用四个字来形容您的心情？

董： 死后重生。

劳胖：心痛，期待。

78 觉得现在为止的人生，圆满吗？

董：谈不上圆满，因为以后的路还很长很长，无法预料会发生什么。但目前的我，非常满足和感激现在拥有的一切，无论给我什么都不会换。

劳胖：很好

79 您对未来还有什么规划？

董：再多生两个孩子，带着他们一路去闯荡去折腾去长大。

劳胖：随她。

80 希望什么时候退休？

董：50 岁吧，其实那时候也可能做不到真正意义上的退休，只是用另外一种方式去继续工作。

劳胖：那太无聊了。怎么样都要找一点事情做，不然生活过得太无意义了。

81 退休后希望怎么样生活？

董：住在一个小岛上，养几条河豚，一定要有蓝天白云，阳光普照。每天睡懒觉自然醒，然后做做饭，晒晒太阳，每隔几个月去儿女所在的地方看看他们，然后又回来晒太阳。

劳胖：暂时没有想过退休后的生活。

82 对方五十岁之后的样子，应该是什么样？

董：我应该越来越小只，腿越来越短，他依然很帅，笑起来还是会露出整齐洁白的牙齿，岁月在他身上沉淀出了更迷人的味道。

劳胖：肯定是全世界最漂亮的女人。

83 最希望带对方去的一个地方是？

董：去非洲看动物大迁徙。

劳胖：我怀里。

84 如果在婚后遇见了今生挚爱，您会怎么办？

董：我遇到过很多人，我比任何时候都清楚地知道，他就是我今生挚爱。

劳胖：已经遇见了。

85 是否接受对方心灵出轨？

董：不接受。

劳胖：不接受。

86 是否接受对方身体出轨？

董：不接受。

劳胖：不接受。

87 如果对方有一天突然消失了，您会怎么办？

董：满世界去找他，直到找不到了，我想我也会消失。

劳胖：去找她。

88 用一个小动物来形容你们的孩子？

董： 小猴子。

劳胖：猴子。

89 垂垂老矣时，希望谁先离开人世？

董：我，这是我们约定好的，如果可以，他也希望我先离开，这样我可以免受一个人留于世上的孤独和痛苦。先走的人，往往是幸运的。

劳胖：之前回答过。

90 如果对方年迈又饱经病痛折磨，您会怎么做？

董： 我会照顾他到最后一刻。

劳胖：照顾她。

91 如果对方比您先离开，您会怎么办？

董：去找我的儿女，我独立能力很差，又感性，无法自己一个人继续生活。

劳胖：这样比较好，起码她不用承受离别之苦。

92 如果您比对方先离开，您会对他/她说什么？

董：谢谢你的照顾，我的这辈子，没有遗憾，真的值了。

劳胖：我会另一边等你来，不然你会迷路。

93 您最喜欢亲吻对方哪裏呢?

董：嘴。

劳胖：额头。

94 这辈子一定要和对方做的事情是?

董：多生几个孩子，把他优良的品性和性格传下去。

劳胖：和她一起感受这个世界，感受生活。

95 会用什么样的方式庆祝结婚 50 周年?

董：我们平时很不喜欢办 Party，但结婚 50 年的时候，我想办一个大派对，把所有认识我们的亲人、朋友都请来，我要再拍一套婚纱照，把照片放大挂在墙上。

劳胖：我想在迪士尼乐园庆祝 50 周年。

96 如果有下辈子，希望保留今生的记忆吗?

董：希望，因为太舍不得今生所有的遇见和拥有。

劳胖：保留和她有关的一切。

97 下辈子相遇，还有今生的记忆的话，第一句话会是什么?

董：老公，离开我那么久你想我了吗？我好想你好想你好想你。

劳胖：终于找到你。

98 现在看着彼此的眼睛，说出此时此刻心中最想说的话？

董： 谢谢你给我的一切，我爱你老公。

劳胖：I love you.

99 对方藏的私房钱，您知道在哪里吗？

董：不知道。

劳胖：她连自己的钱在哪里都不知道，何来私房钱。

第一百个问题，留给未来

写下你现在要问的第一百个问题

100 ________________________________

然后拍照发微博@董完了

参与 #我以为我董完了直到我遇见你# 的话题，

有机会得到她 和劳胖 的答案！

我以为我董完了，直到我遇见你

董完了·作品

（恋爱后第一次出席朋友的聚会）

（第一次旅行纪念）

（劳胖和我在迪士尼）

（爱逛书店的劳胖）

（去台湾参加劳胖朋友的婚礼）

（在高雄机场，劳胖对我说接下来你准备好当梁太太，不准反悔）

（一见如故的亲家）

（给爸爸妈妈发过年红包的劳胖）

（姐夫从英国带来了礼物）

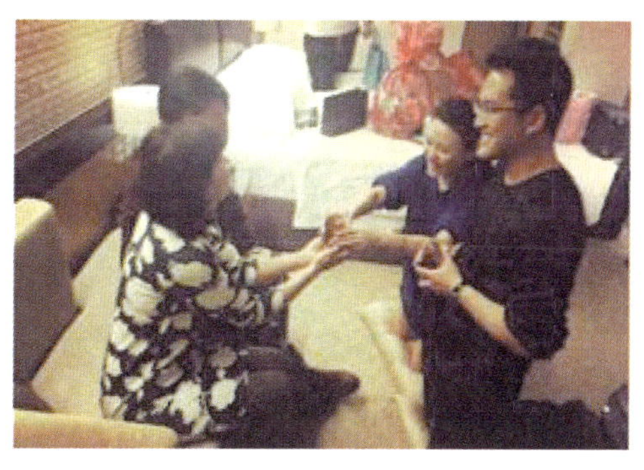

（今天我们就是一家人了！）

（登记结婚！——在双方家长的见证下）

（登记结婚！——交换戒指）

（登记结婚！——我们成为了一家人）

（登记结婚！——在爸爸妈妈们的见证和祝福下）

（登记结婚！——签下你的名字，承诺我的一生）

（英国・婚宴）

（英国 · 婚宴——去劳胖长大的地方看看）

（家里最爱抢红包的两个人
——英国姐夫和成都董哥）

（爸爸和公公的共同爱好——K 歌对决

（一件属于自己的婚纱）

（有点像赵又廷的新郎）

（拍婚纱照——我们）

（婚礼前夕的浪漫）

（结婚前夕——婆婆为我梳头）

（结婚前夕——我的第二个妈妈）

（出嫁那一天——亲亲这个带大我心疼我的老人，我的奶奶）

（去看他魂牵梦绕的兵马俑）

（在董家过第一个新年）

（香港·婚礼——我梦中的草坪婚礼）

（香港·婚礼——我想要的 COSPLAY 秀）

（超级大家庭的第一次旅行！——爱上拍集体照的我

（超级大家庭的第一次旅行！——出发咯！）

（超级大家庭的第一次旅行！——海边）

（和劳胖下海看星星）

（我和劳胖的小家——开始装修

（一群耍酷的男人）

（我和劳胖的小家——过年包饺子！）

（我和劳胖的小家——
饺子里面的幸运钞票！）

（我和劳胖的小家——全家团圆！）

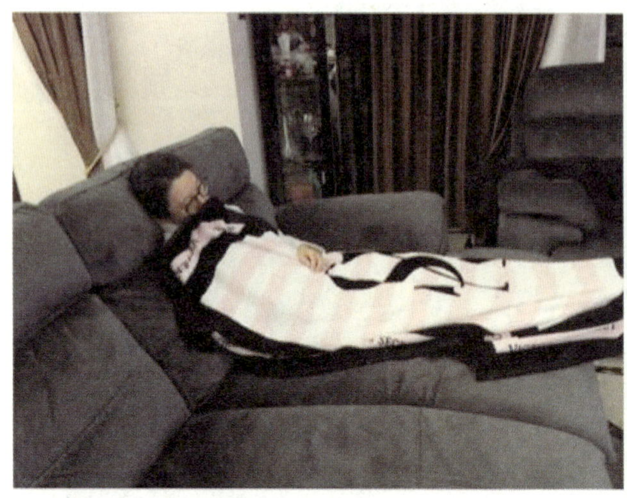

（为了宝贝，只能躺在家里的废柴董）

（爷爷和宝宝第一次碰杯喝酒）

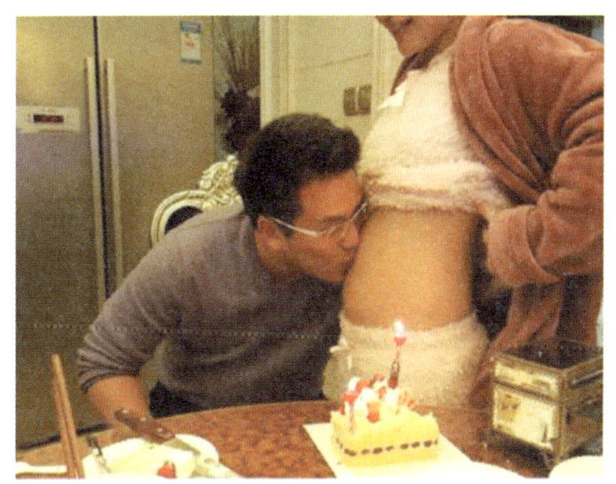

（爸爸和宝宝的KISS）

（生日愿望是——永远！）

（一家三口第一次坐飞机）

（对着 B 超照片画宝宝的样子的傻爸爸）

（卸货前最后一次旅行；日本——事事亲力亲为，为我做好一切的劳胖）

（卸货前的最后一次旅行：日本——照顾大小宝的劳胖）

（卸货前最后一次旅行：日本——排队上厕所时的抱抱，拍照的妹妹说像生离死别）

（卸货前最后一次旅行：日本——旅游特色服饰体验）

（卸货前最后一次旅行；日本——
带着爸妈到处玩的专业劳导游）

（卸货前最后一次旅行：日本——全家福）

（卸货前最后一次旅行；日本——我们仨）

（迎接宝宝的到来——等待宝宝来临的聚会，制造噪音的男人们）

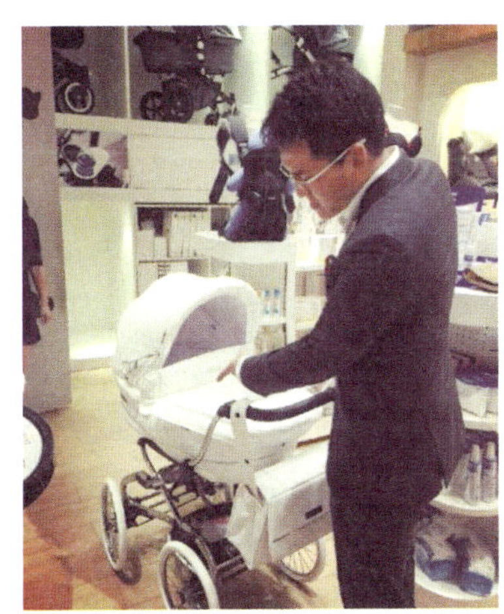

（迎接宝宝的到来——买买买）

（迎接宝宝的到来——妈妈 DIY 的小床）

（在家里拍的孕照）

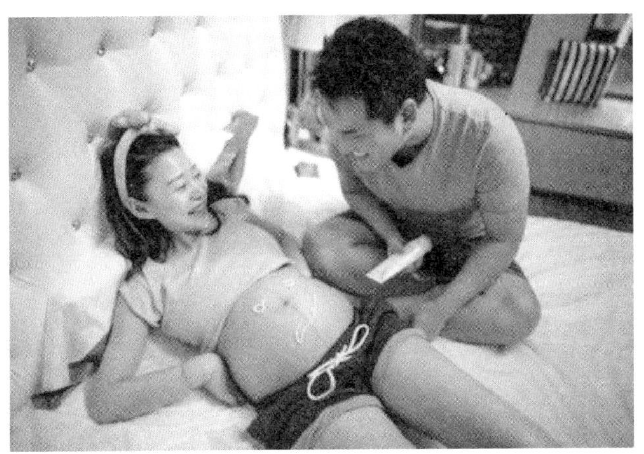

（在家里拍的孕照）

（相亲相爱的爸爸妈妈）

（相亲相爱的爸爸妈妈）

（相亲相爱的爸爸妈妈）

（永远美丽的妈妈）

（卸货倒计时！）

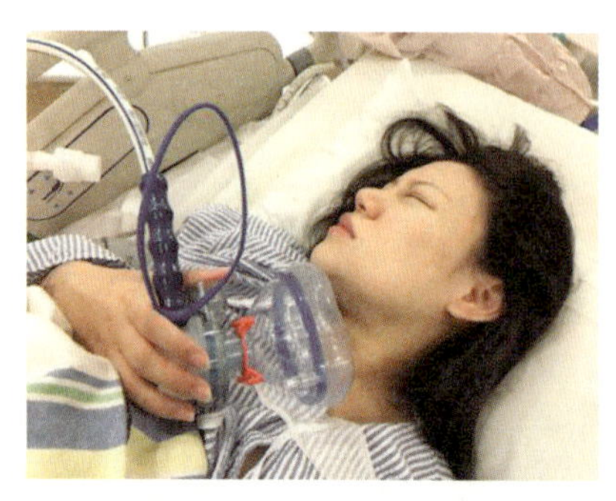

（世界再没有比生孩子更痛苦的事情）

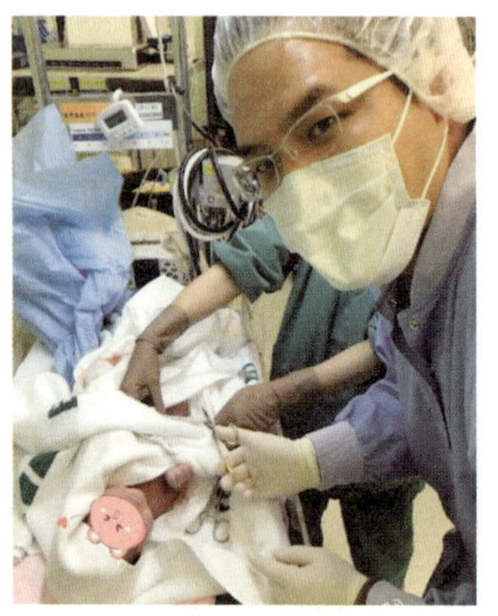

（劳胖亲自剪脐带）

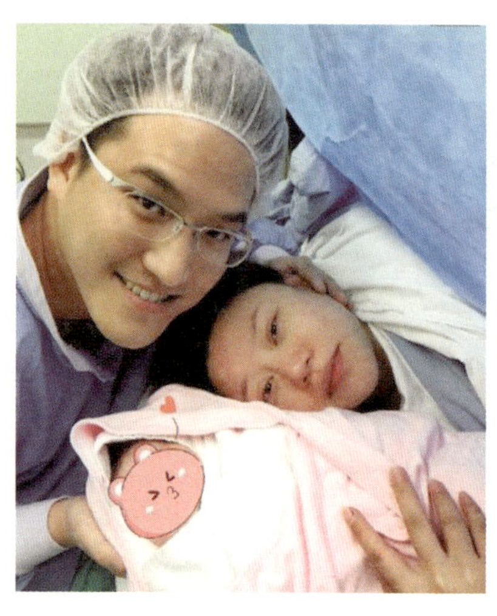

（我们一家三口终于见面啦！）

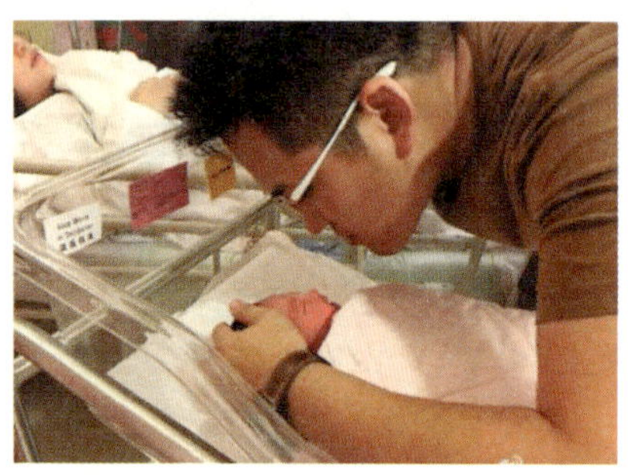

（劳胖和女儿的第一次正式会面）

（我们一家直到永远）

（劳胖和女儿的第一次正式约会）

（劳胖和女儿的第一次正式约会——带女儿去吃饭！）

（劳胖总是在午休时间偷溜回家陪女儿睡觉）

（第一次带女儿出门旅游）

（第一次带女儿看海边的夕阳）

（第一次带女儿海边玩）

（第一次带女儿晒太阳）

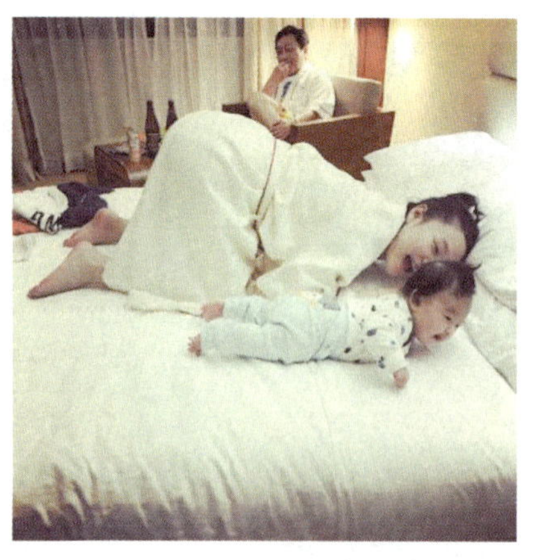

（大小胖妞）

（热爱环球旅行的公公婆婆）

（女儿的百日宴）

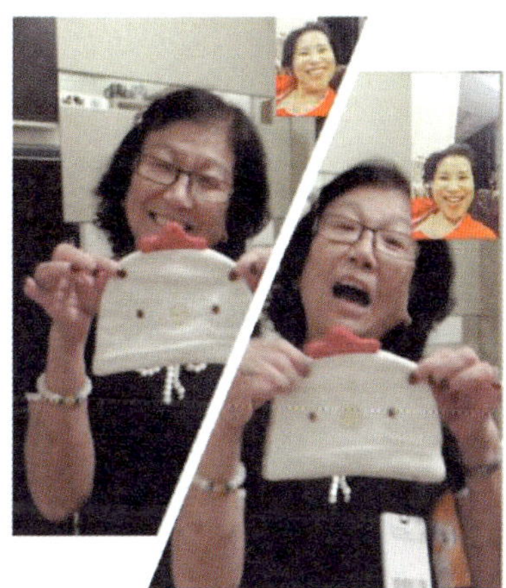

（视频聊天的婆婆和妈妈）

（公公收到爸爸的神奇礼物——剃鼻毛器？）

（亲一亲就和好的爸爸妈妈）

（爸爸为离开的女儿熬夜做好吃

（我这个既成熟稳重又调皮可爱的公公）

（我生命中最重要的女人们）

（曾经救过妈妈一命的憨妹儿，和不愿意放弃生病的憨妹儿的妈妈，最后皆大欢喜）

（相亲相爱的劳胖和憨妹儿）